T0328312

TAILINGS DAM DESIGN TECHNOLOGY UPDATE

CONCEPTION DES BARRAGES DE STÉRILES MINIERS MISE À JOUR DES TECHNOLOGIES

INTERNATIONAL COMMISSION ON LARGE DAMS
COMMISSION INTERNATIONALE DES GRANDS BARRAGES
61, avenue Kléber, 75116 Paris
Téléphone : (33-1) 47 04 17 80
http://www.icold-cigb.org

Cover/Couverture:

CRC Press/Balkema is an imprint of the Taylor & Francis Group, an informa business

Typeset by codeMantra

Published by: CRC Press/Balkema
Schipholweg 107C, 2316 XC Leiden, The Netherlands
e-mail: enquiries@taylorandfrancis.com
www.routledge.com – www.taylorandfrancis.com

AVERTISSEMENT – EXONÉRATION DE RESPONSABILITÉ :

Les informations, analyses et conclusions contenues dans cet ouvrage n'ont pas force de Loi et ne doivent pas être considérées comme un substitut aux réglementations officielles imposées par la Loi. Elles sont uniquement destinées à un public de Professionnels Avertis, seuls aptes à en apprécier et à en déterminer la valeur et la portée.

Malgré tout le soin apporté à la rédaction de cet ouvrage, compte tenu de l'évolution des techniques et de la science, nous ne pouvons en garantir l'exhaustivité.

Nous déclinons expressément toute responsabilité quant à l'interprétation et l'application éventuelles (y compris les dommages éventuels en résultant ou liés) du contenu de cet ouvrage.

En poursuivant la lecture de cet ouvrage, vous acceptez de façon expresse cette condition.

NOTICE – DISCLAIMER:

The information, analyses and conclusions in this document have no legal force and must not be considered as substituting for legally-enforceable official regulations. They are intended for the use of experienced professionals who are alone equipped to judge their pertinence and applicability.

This document has been drafted with the greatest care but, in view of the pace of change in science and technology, we cannot guarantee that it covers all aspects of the topics discussed.

We decline all responsibility whatsoever for how the information herein is interpreted and used and will accept no liability for any loss or damage arising therefrom.

Do not read on unless you accept this disclaimer without reservation.

Original text in English
French translation by the Technical Committee on Tailings Dams
Layout by Nathalie Schauner

Texte original en anglais
Traduction en français par le Comité Technique sur les Barrages de Stériles miniers
Mise en page par Nathalie Schauner

ISBN: 978-0-367-77046-4 (Pbk)
ISBN: 978-1-003-16953-6 (eBook)

COMMITTEE ON TAILINGS DAMS SAFETY & WASTAGE LAGOONS

COMITÉ SUR LES BARRAGES ET DEPOSTS DE STÉRILES MINIERS

(2013–2019)

Chairman/Président

Canada	Harvey MCLEOD

Vice Chairperson / Vice Président

Sweden / Suède	Annika BJELKEVIK
Australia / Australie	David BRETT
Brazil / Brésil	Joaquim PIMENTA DE AVILA
South Africa / Afrique du Sud	Duncan GRANT-STUART
United Kingdom / Royaume Uni	Mike CAMBRIDGE (1)
United States / Etats Unis	Tatyana ALEXEVIA

Members/Membres

Chile / Chili	Jorge TRONCOSO
China / Chine	Hanmin ZHOU
Colombia / Colombie	Alberto MARULANDA (4)
Finland / Finlande	Timo REGINA
France	Francois BROUSSET
Germany / Allemagne	Karl KAST (4)
Iran	M. ASKARI
Romania / Roumanie	Eugeni LUCA
Russia / Russie	Elena FILIPPOVA
Slovakia / Slovaquie	Martin BAKES
Spain / Espagne	J.L. JUSTO
United Kingdom / Royaume Uni	Raphael MONROY (2)
Zambia / Zambie	Patrick KAMPENGELE

Co-opted member / membre co-opté

Canada	Andy SMALL (3)

(1) Member until 2017

(2) Member until 2018

(3) Member until 2016

(4) Inactive members

SOMMAIRE

FIGURES ET TABLEAUX

GLOSSAIRE

DEFINITIONS

SOMMAIRE

AVANT-PROPOS

PRÉFACE

1 INTRODUCTION

2. PROPRIÉTÉS DES STÉRILES

3. TECHNIQUES DE TRAITEMENT ET DE GESTION DES STERILES

4. CONCEPTION DES BARRAGES DE STÉRILES

REFERENCES

CONTENTS

FIGURES AND TABLES

GLOSSARY

DEFINITIONS

SUMMARY

FOREWORD

PREFACE

1 INTRODUCTION

2. TAILINGS PROPERTIES

3. TAILINGS TECHNOLOGIES

4. TAILINGS DAM DESIGN PRACTICES

REFERENCES

TABLE DES MATIÈRES

1. INTRODUCTION 30

2. PROPRIÉTÉS DES STÉRILES 34

2.1. Introduction 34

2.2. Classification Des Stériles 34

2.3. Proprietes Des Steriles Determinées En Laboratoire 38

2.3.1. Introduction 38

2.3.2. Propriétés physiques et granulométrie 42

2.3.3. Propriétés liées à la sédimentation, à la consolidation et à la densité 48

2.3.3.1. Essais de sédimentation 52

2.3.3.2. Essais de sédimentation drainée 56

2.3.3.3. Essais de séchage à l'air 56

2.3.3.4. Consolidation 58

2.3.4. Densité 62

2.3.5. Conductivité hydraulique 62

2.3.6. Résistance 66

2.3.7. Épaississement et filtration 68

2.3.8. Propriétés géochimiques 70

2.3.8.1. Introduction 70

2.3.8.2. Essais statiques 74

2.3.8.3. Essais cinétiques 78

2.4. Propriétés Des Stériles In Situ 80

2.4.1. Introduction 80

2.4.2. Pentes des plages 82

2.4.3. Densité des stériles in situ 84

2.4.4. Conductivité hydraulique 86

TABLE OF CONTENTS

1. INTRODUCTION 31

2. TAILINGS PROPERTIES 35

2.1. Introduction 35

2.2. Classification Of Tailings 35

2.3. Tailings Properties – Laboratory-Based 39

2.3.1. Introduction 39

2.3.2. Index Properties and Gradation 43

2.3.3. Settling, Consolidation and Density Properties 49

2.3.3.1. Settling test 53

2.3.3.2. Drained Settling Tests 57

2.3.3.3. Air Drying Tests 57

2.3.3.4. Consolidation 59

2.3.4. Density 63

2.3.5. Hydraulic Conductivity 63

2.3.6. Strength 67

2.3.7. Thickening and Filtration 69

2.3.8. Geochemical Properties 71

2.3.8.1. Introduction 71

2.3.8.2. Static Testing 75

2.3.8.3. Kinetic Testing 79

2.4. In Situ Tailings Properties 81

2.4.1. Introduction 81

2.4.2. Beach Slopes 83

2.4.3. In Situ Tailings Density 85

2.4.4. Hydraulic Conductivity 87

2.4.5. Résistance au cisaillement – drainée et non drainée, statique et dynamique – dans le cadre de la mécanique des sols à l'état critique 86

2.4.6. Rapport de sur consolidation 90

2.4.7. Impacts géochimiques 92

2.4.8. Effets structuraux 92

3. TECHNIQUES DE TRAITEMENT ET DE GESTION DES STERILES 96

3.1. Introduction 96

3.2. Mise En Dépôt Par Buses De Déversement 96

3.3. Cyclonage 100

3.4. Épaississement 110

3.4.1. Introduction 110

3.4.2. Processus d'épaissement 114

3.4.3. Conception des épaississeurs 118

3.5. Filtration 126

3.5.1. Procédé de filtration 126

3.5.2. Types de filtre 128

3.6. Separation Des Differents Flux De Steriles 132

3.7. Gestion Intégrée Des Stériles Et Des Résidus Rocheux 134

3.7.1. Co-placement 136

3.7.2. Mélange 136

3.8. Autres Technologies 138

3.8.1. Aménagement de cellules pour favoriser l'évaporation 138

3.8.2. Construction des cellules pour minimiser l'évaporation 138

3.8.3. Mud Farming 138

3.8.4. Développements techniques 142

4. CONCEPTION DES BARRAGES DE STÉRILES 144

4.1. Introduction 144

4.2. Barrage D'amorce 144

2.4.5. Shear Strength – Drained and Undrained, Static and Dynamic – Critical State Soil Mechanics 87

2.4.6. Over Consolidation Ratio 91

2.4.7. Geochemical Effects 93

2.4.8. Structural Effects 93

3. TAILINGS TECHNOLOGIES 97

3.1. Introduction 97

3.2. Spigotting 97

3.3. Cycloning 101

3.4. Thickening 111

3.4.1. Introduction to Thickening 111

3.4.2. Thickening Process 115

3.4.3. Thickener Designs 119

3.5. Filtering 127

3.5.1. Filtering Process 127

3.5.2. Filter Types 129

3.6. Tailings Streams Separation 133

3.7. Integrated Tailings and Waste Rock Management 135

3.7.1. Co-placement 137

3.7.2. Co-mingling 137

3.8. Other Technologies 139

3.8.1. Cell Construction to Promote Evaporation 139

3.8.2. Cell Construction to Minimize Evaporation 139

3.8.3. Mud Farming 139

3.8.4. Technology Developments 143

4. TAILINGS DAM DESIGN PRACTICES 145

4.1. Introduction 145

4.2. Starter Dams 145

4.3. Barrages Construits Selon La Methode Aval 148

4.4. Conception Des Barrages Construits Selon La Méthode Centrale 148

4.5. Conception Des Barrages Suivant La Méthode Amont 154

4.5.1. Contexte 154

4.5.2. Méthodes de conception 156

4.6. Gestion Des Stériles Épaissis Ou En Pate 158

4.6.1. Contexte 158

4.6.2. Méthodes de conception 160

4.7. Gestion Des Stériles Filtres (Deshydratés) 162

4.7.1. Contexte 162

4.7.2. Méthodes de gestion 162

4.8. Gestion Des Stériles Drainés Et Contrôle Des Écoulements Internes 164

4.8.1. Autres considérations concernant les différents types de barrage et le confinement 166

REFERENCES 170

4.3. Downstream Dams ... 149

4.4. Design Practices for Centreline Dam Construction ... 149

4.5. Design Practices for Upstream Construction ... 155

4.5.1. Background ... 155

4.5.2. Design Practices ... 157

4.6. DESIGN PRACTICES FOR HIGH DENSITY THICKENED AND PASTE TAILINGS ... 159

4.6.1. Background ... 159

4.6.2. Design Practices ... 161

4.7. DESIGN PRACTICES FOR FILTERED (DEWATERED) TAILINGS DISPOSAL ... 163

4.7.1. Background ... 163

4.7.2. Design Practices ... 163

4.8. DESIGN PRACTICES FOR DRAINED TAILINGS AND SEEPAGE CONTROL ... 165

4.8.1. Other Dam Type and Containment Considerations ... 167

REFERENCES ... 171

FIGURES ET TABLEAUX

FIGURES

2.1 GAMME GRANULOMÉTRIQUE TYPIQUE POUR LES DIFFÉRENTS TYPES DE STÉRILES 42

2.2 PLASTICITÉ DE DIFFÉRENTS TYPES DE STÉRILES 44

2.3 DOMAINES D'INDICES DE PLASTICITÉ ET DE FRACTION ARGILEUSE (ACTIVITÉ) POUR DIFFÉRENTS TYPES D'ARGILES ET DE STÉRILES 48

2.4 CONCENTRATION EN SOLIDES (%) EN FONCTION DE LA DENSITÉ SÈCHE POUR DIFFÉRENTES DENSITÉS DES PARTICULES SOLIDES (G)....50

2.5 CONCENTRATION EN SOLIDES (%) EN FONCTION DE L'INDICE DES VIDES POUR DIFFÉRENTES DENSITÉS DES PARTICULES SOLIDES (G)....50

2.6 CONCENTRATION EN SOLIDES (%) EN FONCTION DE LA TENEUR EN EAU (%) POUR DES STÉRILES SATURÉS 52

2.7 DENSITÉ INITIALE DES SÉDIMENTS (CONCENTRATION EN SOLIDES) EN FONCTION DU TEMPS DE DÉCANTATION POUR DIFFÉRENTS TYPES DE STÉRILES (LES INDICES DE VIDE TYPIQUES POUR UNE DENSITÉ DES PARTICULES SOLIDES DE 2,75 SONT INCLUS POUR RÉFÉRENCE....54

2.8 VARIATION DE L'INDICE DES VIDES EN FONCTION DE LA CONTRAINTE EFFECTIVE POUR DIFFÉRENTS TYPES DE STÉRILES 60

2.9 VARIATION DU COEFFICIENT DE CONSOLIDATION (C_V) EN FONCTION DE LA CONTRAINTE VERTICALE EFFECTIVE POUR DIFFÉRENTS TYPES DE STÉRILES 60

2.10 VARIATION DE LA CONDUCTIVITÉ HYDRAULIQUE EN FONCTION DE LA CONTRAINTE VERTICALE EFFECTIVE POUR DIFFÉRENTS TYPES DE STÉRILES 64

2.11 VARIATION DE LA TENEUR EN FINES EN FONCTION DE LA CONDUCTIVITÉ HYDRAULIQUE POUR DIFFÉRENTS TYPES DE STÉRILES 64

2.12 VARIATION DE LA LIMITE D'ÉLASTICITÉ EN FONCTION DE LA CONCENTRATION EN SOLIDES ET DE L'INDICE DES VIDES POUR DIFFÉRENTS TYPES DE STÉRILES 70

2.13 DIGRAMME DE FICKLIN MONTRANT LE DRA, LE DMN ET LE DS AINSI QUE LEUR RELATION AVEC LE PH LE PAN ANTÉRIEURS (KLOHN CRIPPEN BERGER 2017)....80

FIGURES AND TABLES

FIGURES

2.1 TYPICAL GRADATION RANGE FOR TAILINGS TYPES 43

2.2 PLASTICITY CHART FOR TAILINGS TYPES 45

2.3 RANGE OF PLASTICITY INDEX AND CLAY FRACTION (ACTIVITY) FOR DIFFERENT CLAY TYPES AND TAILINGS TYPES 49

2.4 SOLIDS CONCENTRATION (%) VERSUS DRY DENSITY FOR DIFFERENT SPECIFIC GRAVITIES (G) 51

2.5 SOLIDS CONCENTRATION (%) VERSUS VOID RATIO FOR DIFFERENT SPECIFIC GRAVITIES (G) 51

2.6 SOLIDS CONCENTRATION (%) VERSUS MOISTURE CONTENT (%) FOR SATURATED TAILINGS 53

2.7 TYPICAL INITIAL SETTLED DENSITIES (SOLIDS CONCENTRATION) VERSUS SETTLING TIME FOR TAILINGS TYPES (TYPICAL VOID RATIOS FOR SPECIFIC GRAVITY OF 2.75 ARE INCLUDED FOR REFERENCE) 55

2.8 VOID RATIO VERSUS EFFECTIVE STRESS FOR TAILINGS TYPES 61

2.9 COEFFICIENT OF CONSOLIDATION (C_V) VERSUS EFFECTIVE VERTICAL STRESS FOR TAILINGS TYPES 61

2.10 HYDRAULIC CONDUCTIVITY VERSUS EFFECTIVE VERTICAL STRESS FOR TAILINGS TYPES 65

2.11 FINES CONTENT VERSUS HYDRAULIC CONDUCTIVITY FOR TAILINGS TYPES 65

2.12 YIELD STRESS VERSUS SOLIDS CONCENTRATION AND VOID RATIO FOR TAILINGS TYPES 71

2.13 FICKLIN-STYLE DIAGRAM SHOWING ARD, NMD AND SD AND RELATIONSHIP WITH PAST PH AND NPR (KLOHN CRIPPEN BERGER 2017) 81

2.14 DIAGRAMME DE FICKLIN MONTRANT LES DOMAINES DE DRA, DE DMN ET DE DS EN FONCTION DU PH ET DE LA CONCENTRATION DES MÉTAUX DE BASE DISSOUTS (KLOHN CRIPPEN BERGER 2017) 80

2.15 VARIATION DE LA PENTE DE LA PLAGE (%) EN FONCTION DE L'ÉLOIGNEMENT DU POINT DE DÉVERSEMENT POUR DIFFÉRENTS TYPES DE STÉRILES 82

2.16 PARAMÈTRE D'ÉTAT (Ψ) ET LIGNE D'ÉTAT CRITIQUE (D'APRÈS JEFFRIES ET BEEN 2018) 88

3.1 DÉVERSEMENT PAR BUSES DISPOSÉES LE LONG DU CONDUIT DE DISTRIBUTION (MCLEOD ET BJELKEVIK, 2017) 98

3.2 SYSTÈME DE DÉVERSEMENT PONCTUEL SUR FLOTTEURS DANS UNE RETENUE DE STÉRILES FINS (PHOTO AVEC L'AIMABLE AUTORISATION DE D. GRANT STUART) 100

3.3 VUE SCHÉMATIQUE D'UN HYDROCYCLONE (CYCLONE APEX. [N.D.]) 102

3.4 HYDROCYCLONES SECONDAIRES INSTALLÉS SUR PLATEFORMES MOBILES SUR LA CRÊTE D'UN BARRAGE ET SABLES D'HYDROCYCLONE COMPACTÉ EN CELLULES SUR LE TALUS AVAL (MCLEOD ET BJELKEVIK, 2017) 106

3.5 EXEMPLE D'HYDROCYCLONAGE À DISTANCE DU BARRAGE, AVEC DISTRIBUTION PAR BUSES SUR LE BARRAGE ET ÉPANDAGE ET COMPACTAGE SUR LE TALUS AVAL (PHOTO AVEC L'AIMABLE AUTORISATION DE T. ALEXIEVA) 108

3.6 SOUSVERSES D'HYDROCYCLONE – CONSTRUCTION D'UN BARRAGE SUIVANT LA MÉTHODE AMONT (PHOTO AVEC L'AIMABLE AUTORISATION DE D. GRANT STUART) 108

3.7 DOMAINE DE LIMITE D'ÉLASTICITÉ EN FONCTION DE LA CONCENTRATION EN SOLIDES (%) POUR DIFFÉRENTS TYPES DE STÉRILES ET DIFFÉRENTES TECHNIQUES D'ÉPAISSISSEMENT 110

3.8 DÉPÔT DE STÉRILES ÉPAISSIS. (PHOTO AVEC L'AIMABLE AUTORISATION DE A. BJELKEVIK) 112

3.9 COMPARAISON DES DIVERS TAUX DE RÉCUPÉRATION DE L'EAU OBTENUS AVEC DIFFÉRENTES TECHNIQUES DE DÉSHYDRATATION (KLOHN CRIPPEN BERGER 2017) 112

3.10 SCHÉMA DE FONCTIONNEMENT D'UN ÉPAISSISSEUR À TRÈS HAUT RENDEMENT MONTRANT LES TROIS DOMAINES D'ÉPAISSISSEMENT (EIMCO E-CAT) 116

3.11 ILLUSTRATION SCHÉMATIQUE DE L'ÉVOLUTION DES ÉPAISSISSEURS (BEDELL 2006; JEWELL ET FOURIE 2006) 118

2.14 FICKLIN-STYLE DIAGRAM SHOWING ARD, NMD AND SD FIELDS AS A FUNCTION OF PH AND DISSOLVED BASE METAL CONCENTRATIONS (KLOHN CRIPPEN BERGER 2017) 81

2.15 BEACH SLOPE (%) AND TAILINGS DISCHARGE DISTANCE RELATIONSHIP FOR TAILINGS TYPES 83

2.16 STATE PARAMETER (Ψ) AND CRITICAL STATE LINE (AFTER JEFFERIES & BEEN 2016) 89

3.1 SPIGOTTING VIA APERTURES IN THE DISTRIBUTION PIPE (MCLEOD AND BJELKEVIK 2017) 99

3.2 SINGLE POINT SPIGOT WITH FLOATING DEVICE IN A FINE TAILINGS IMPOUNDMENT (PHOTO COURTESY OF D. GRANT STUART) 101

3.3 SCHEMATIC OF HYDRAULIC CYCLONE (CYCLONE APEX. [N.D.]) 103

3.4 SECONDARY STAGE CYCLONES LOCATED ON MOVEABLE SKIDS ON A DAM CREST AND CYCLONE SAND COMPACTED IN CELLS ON THE DOWNSTREAM SLOPE (MCLEOD AND BJELKEVIK 2017) 107

3.5 EXAMPLE OF OFF DAM CYCLONING, SPIGOT DISTRIBUTION ON DAM AND DOWNSLOPE SPREADING AND COMPACTION (PHOTO COURTESY OF, T.ALEXIEVA) 109

3.6 CYCLONE UNDERFLOW – UPSTREAM DAM CONSTRUCTION (PHOTO COURTESY OF D. GRANT STUART) 109

3.7 YIELD STRESS RANGES VERSUS SOLIDS CONCENTRATION (%) FOR TAILINGS TYPES AND THICKENER TECHNOLOGIES 111

3.8 PHOTO OF THICKENED TAILINGS DISPOSAL (PHOTO COURTESY OF A. BJELKEVIK) 113

3.9 COMPARISON OF WATER RECOVERY FOR TAILINGS DEWATERING TECHNOLOGIES (KLOHN CRIPPEN BERGER 2017) 113

3.10 ULTRA-HIGH RATE THICKENER SCHEMATIC – DISPLAYING THE THREE THICKENING ZONES (EIMCO E-CAT) 117

3.11 SCHEMATIC ILLUSTRATING THICKENER EVOLUTION (BEDELL 2006; JEWELL AND FOURIE 2006) 119

3.12 VUE SCHÉMATIQUE D'UN RÉSERVOIR D'ÉPAISSISSEUR CONVENTIONNEL 120

3.13 ÉPAISSISSEUR À COLONNE À HAUT DÉBIT AVEC UN RÂTEAU D'ENTRAÎNEMENT CENTRAL ET DES PIQUETS (WESTECH TOPTM) 122

3.14 ÉPAISSISSEUR À PONT À TRÈS HAUTE DENSITÉ AVEC UN RÂTEAU D'ENTRAÎNEMENT CENTRAL (WESTECH DEEP BEDTM) 124

3.15 FILTRE À DISQUES SOUS VIDE (WESTECH [N.D.]) 128

3.16 VUE SCHÉMATIQUE D'UN FILTRE HORIZONTAL À BANDE SOUS VIDE (OUTOTEC LAROX RTTM) (MCLEOD ET BJELKEVIK 2017) 130

3.17 VUE SCHÉMATIQUE D'UN FILTRE-PRESSE HORIZONTAL À CADRE ET PLAQUES 132

3.18 AMPHIROL EN ACTION SUR UNE PLAGE DE STÉRILES ET RIGOLES FORMÉES PAR SON PASSAGE (PHOTO AVEC L'AIMABLE AUTORISATION DE D. BRETT) 140

4.1 EXEMPLES TYPIQUES DE COUPES TRANSVERSALES D'UN BARRAGE D'AMORCE ET D'UN BARRAGE CONSTRUIT SELON LA MÉTHODE AVAL 146

4.2 SECTIONS TRANSVERSALES TYPIQUES DE BARRAGES CONSTRUITS SUIVANT LA MÉTHODE CENTRALE 150

4.3 GÉOMÉTRIE DES BARRAGES CONSTRUITS SELON LES MÉTHODES AMONT ET AVAL MODIFIÉES 152

4.4 EXEMPLES TYPIQUES DE BARRAGES CONSTRUITS SELON LA MÉTHODE AMONT 154

4.5 COMPACTAGE D'UN BARRAGE DE STÉRILES CONSTRUIT SELON LA MÉTHODE AMONT À L'AIDE DE BULLDOZERS (PHOTO AVEC L'AIMABLE AUTORISATION DE DONATO) 156

4.6 VUE SCHÉMATIQUE MONTRANT LA PRINCIPALE DIFFÉRENCE ENTRE UNE DÉPOSITION CENTRALE (À GAUCHE) ET UNE DÉPOSITION PÉRIMÉTRIQUE (À DROITE) 160

4.7 COUPE SCHÉMATIQUE D'UN DÉPÔT DE STÉRILES FILTRÉS 162

4.8 CONFIGURATION EN DIGUE EN ANNEAU (AVEC TROIS CELLULES) SUR LE SITE DE KALGOORLIE CONSOLIDATED GOLD MINES (KCGM), DANS L'OUEST DE L'AUSTRALIE (PHOTO AVEC L'AIMABLE AUTORISATION DE NEWMONT AUSTRALIA) (TAILINGS.INFO [N.D.]) 166

4.9 STÉRILES DESSÉCHÉS DANS UNE CELLULE D'ÉVAPORATION (PHOTO AVEC L'AIMABLE AUTORISATION DE J. PIMENTA D"AVILA) 168

TABLEAUX

2.1 SOMMAIRE DES DIFFÉRENTS TYPES DE STÉRILES ET CLASSIFICATION GÉOTECHNIQUE 36

3.12 CAISSON THICKENER SCHEMATIC 121

3.13 HIGHT-RATE COLUMN THICKENER WITH A CENTRAL DRIVE RAKE AND PICKETS (WESTECH TOPTM) 123

3.14 ULTRA HIGH-DENSITY BRIDGE THICKENER WITH A CENTRAL DRIVE RAKE (WESTECH DEEP BEDTM) 125

3.15 VACUUM DISC FILTER (WESTECH [N.D.]) 129

3.16 HORIZONTAL VACUUM BELT FILTER SCHEMATIC (OUTOTEC LAROX RTTM) (MCLEOD AND BJELKEVIK 2017) 131

3.17 HORIZONTAL PLATE AND FRAME PRESSURE FILTER SCHEMATIC 133

3.18 AMPHIROL OPERATING ON A TAILINGS BEACH SHOWING SWALE DRAINS BEING FORMED (PHOTO COURTESY OF, D. BRETT) 141

4.1 TYPICAL EXAMPLES OF STARTER DAM AND DOWNSTREAM DAM CROSS SECTIONS 147

4.2 TYPICAL DESIGN SECTIONS FOR CENTRELINE DAMS 151

4.3 GEOMETRY OF MODIFIED UPSTREAM AND MODIFIED DOWNSTREAM CENTERLINE DAMS 153

4.4 TYPICAL EXAMPLES OF UPSTREAM DAM CONSTRUCTION 155

4.5 COMPACTION OF UPSTREAM TAILINGS DAM USING DOZERS (PHOTO COURTESY OF R. DONNATO) 157

4.6 SCHEMATIC SHOWING PRINCIPAL DIFFERENCE BETWEEN CENTRAL DISCHARGE (LEFT) AND PERIMETER DISCHARGE (RIGHT) 161

4.7 SCHEMATIC OF A FILTERED TAILINGS FACILITY 163

4.8 RING DYKE CONFIGURATION (THREE CELL ARRANGEMENT) AT KALGOORLIE CONSOLIDATED GOLD MINES (KCGM), WESTERN AUSTRALIA (COURTESY NEWMONT AUSTRALIA) (TAILINGS.INFO [N.D.]) 167

4.9 EVAPORATION CELL SHOWING DESICCATED TAILINGS (PHOTO COURTESY OF, J. PIMENTA D"AVILA) 169

TABLES

2.1 SUMMARY OF TAILINGS TYPES AND GEOTECHNICAL CLASSIFICATION 37

2.2 DENSITÉ DES PARTICULES SOLIDES TYPIQUE DE DIFFÉRENTS TYPES DE STÉRILES 42

2.3 INCIDENCE DES DIFFÉRENTS TYPES D'ARGILE SUR LA CONDUCTIVITÉ HYDRAULIQUE, LES PROPRIÉTÉS DE SÉDIMENTATION ET LA SENSIBILITÉ À L'HUMIDITÉ 46

2.4 ORGANISATIONS ET RÉFÉRENCES (REFERENCE EUROPEAN HANDBOOK ON HYDRAULIC FILL 2014)....................72

2.5 CLASSIFICATION DES RISQUES DE DRA EN FONCTION DU POTENTIEL D'ACIDIFICATION NET (PAN)....................76

2.2 TYPICAL SPECIFIC GRAVITY OF TYPES OF TAILINGS 43

2.3 SUMMARY OF CLAY SOURCE INFLUENCE ON HYDRAULIC CONDUCTIVITY, SETTLING PROPERTIES AND MOISTURE SENSITIVITY 47

2.4 ORGANIZATIONS AND REFERENCES (REFERENCE EUROPEAN HANDBOOK ON HYDRAULIC FILL 2014).. 73

2.5 ARD RISK CLASSIFICATION BASED ON NET POTENTIAL RATIO (NPR).......................... 77

GLOSSAIRE

ABRÉVIATIONS

ASTM	American Society for Testing Materials
CIDRA	Conférences Internationales Sur Le Drainage Rocheux Acide
CIGB	Commission Internationale Des Grands Barrages
CPT	Essais de pénétration au cône
C_u/σ'_{vo}	Rapport de résistance au cisaillement non drainée maximale
C_{ur}/σ'_{vo}	Rapport de résistance résiduelle (sous contrainte élevée) au cisaillement non drainée
DAM	Drainage Acide Et Métallifère (voir également DRA, drainage rocheux acide)
DMN	Drainage Minier Neutre
DRA	Drainage Rocheux Acide
DS	Drainage Salin
EN	Norme Européenne
I_L	Indice De Liquidité
IGR	Installation De Gestion Des Résidus
IP	Indice De Plasticité
LM	Lixiviation Des Métaux
NAP	International Network for Acid Prevention (réseau international pour la prévention des déversements acides)
NEDEM	Neutralisation Des Eaux De Drainage Dans L'environnement Minier
NGA	Non Générateur D'acides
NRD	Drainage Minier Neutre
PA	Potentiellement Acidogène; voir aussi: Potentiellement générateur d'acide (PGA)
PGA	Potentiellement Générateur D'acide
PAN	Potentiel Acidogène Net
pH (ANG)	pH dû à L'Acide Net Généré
SF	Stériles Fins
SG	Stériles Grossiers
SRA	Stériles De Roches Altérées
SRD	Stériles De Roches Dures
SUF	Stériles Ultrafins
UE	Union Européenne
W_L	Limite De Liquidité
Wr	Limite De Retrait

GLOSSARY

ABBREVIATIONS

ABA	Acid Base Accounting
AMD	Acid Metalliferous Drainage (see also Acid Rock Drainage)
ARD	Acid Rock Drainage
ART	Altered Rock Tailings
ASTM	American Society for Testing Materials
CPT	Cone Penetration Testing
CT	Coarse Tailings
EN	European Standard
EU	European Union
FT	Fine Tailings
ICARD	International Conferences on Acid Rock Drainage
ICOLD	International Commission of Large Dams
INAP	International Network for Acid Prevention
W_L	Liquid Limit
I_L	Liquidity Index
MLND	Mine Environment Neutral Drainage
ML	Metal Leaching
NAG	Non-Acid Generating, see also Non-Acid Forming (NAF)
NAGpH	Net Acid Generation pH
NAPP	Net Acid Producing Potential
NMD	Neutral Mine Drainage
NPR	Net Potential Ratio
NRD	Neutral Rock Drainage
PI	Plasticity Index
PAG	Potentially Acid Generating see also Potential Acid Forming (PAF)
PAF	Potentially Acid Forming
SD	Saline Drainage
SL	Shrinkage Limit
C_u/σ'_{vo}	Peak Undrained Shear Strength Ratio
C_{ur}/σ'_{vo}	Residual or Large Strain Undrained Shear Strength Ratio
TMF	Tailings Management Facility
TSF	Tailings Storage Facility
UFT	Ultra-Fine Tailings

DEFINITIONS

Barrage de stériles, ou Installation De Gestion Des Résidus (IGR) : ouvrage, comprenant le remblai de confinement et les ouvrages connexes, conçu pour contenir les stériles résultant du traitement d'un minerai et gérer les eaux associées.

Remblais de confinement : barrage construit à partir de matériaux géotechniques naturels ou traités et conçu pour retenir les stériles et l'eau de procédé provenant d'une usine de traitement de minerais ainsi que les eaux de ruissellement naturel.

Décanteur : structure conçue pour faciliter l'extraction de l'eau de procédé et des eaux de ruissellement d'un bassin d'accumulation de stériles.

Évacuateur de crue d'urgence : ouvrage conçu pour évacuer une crue nominale sans mettre en danger la stabilité du barrage de confinement.

Concentration en solides : pourcentage massique des solides dans un mélange d'eau et de stériles.

Fermeture : étape à laquelle se trouve une installation de gestion des stériles après l'arrêt des opérations. Les phases de fermeture sont la mise hors service, la fermeture active, la fermeture passive et la renonciation à la concession.

DEFINITIONS

Tailings dam (also Tailings Management Facility (TMF) and Tailings Storage Facility (TSF)): an engineered structure, comprising the confining embankment and associated works, designed to contain tailings resulting from ore processing and to manage associated water.

Confining embankment: an engineered dam that can be constructed from both natural and processed geotechnical materials, designed to retain the tailings and process water derived from the mineral-processing plant, and natural runoff.

Decant: an engineered structure designed to facilitate removing of process water and storm water runoff from the tailing impoundment.

Emergency spillway: an engineered structure designed to pass the design flood event without endangering the stability of the confining dam.

Solids concentration: the percent solids by weight of a tailings water mixture.

Closure: the stage of the tailings facility after operations have ceased. Closure stages range from decommissioning to active closure, passive closure and facility relinquishment.

SOMMAIRE

Les stériles proviennent du traitement des minerais et sont typiquement stockés à l'intérieur de barrages formés de remblais. Ces barrages doivent être conçus selon des principes d'ingénierie bien établis et en tenant compte des propriétés des stériles déposés. Le présent bulletin fournit un cadre de travail pour le classement des différents types de stériles – des ultrafins aux plus grossiers – en fonction de leurs propriétés géotechniques. On y trouvera également les paramètres géotechniques typiquement utilisés pour caractériser ces différents types de stériles. La résistance des stériles est de mieux en mieux comprise grâce à l'avènement de nouvelles technologies, comme les essais de pénétration au cône, ainsi que l'amélioration des techniques d'échantillonnage et d'analyse en laboratoire. L'étude des défaillances et des incidents passés nous aident également à mieux comprendre le comportement des barrages de stériles. Le comportement in situ des stériles dépend de leurs types et des techniques utilisées pour leur assèchement et leur mise en dépôt.

Les techniques d'assèchement des stériles visant à réduire les risques associés à leur stockage s'améliorent sans cesse et vont de l'épaississement à la filtration. Ces techniques, nouvelles et anciennes, sont présentées pour illustrer l'ensemble des solutions disponibles et, le cas échéant, les propriétés typiquement rencontrées in situ.

Le présent bulletin s'adresse à une grande diversité d'intervenants – concepteurs, propriétaires, organismes de réglementation, communautés et diverses organisations –, offre un cadre de référence pour la description des propriétés des stériles et expose les avantages et les limites des diverses technologies.

Chaque exploitation minière a un caractère unique et il en est de même de la gestion des stériles. Il n'existe donc pas de solution universelle au stockage des stériles. Les barrages de stériles doivent être conçus en tenant compte des conditions particulières qui prévalent sur les sites, telles que le climat, la géomorphologie, la géochimie, la sismologie, les procédés d'extraction, l'environnement et le contexte communautaire. La mise en œuvre de technologies appropriées jouera un rôle important pour le développement d'installations sécuritaires et durables pour la gestion des stériles.

SUMMARY

Tailings are produced from the processing of mineral ores and are commonly stored within embankment dams. The design of the dams requires application of sound engineering principles and an understanding of the properties of the tailings. This Bulletin provides a framework for classifying different types of tailings, ranging from ultra-fine to coarse, based on their geotechnical properties and provides typical geotechnical parameters for the different tailings types. An understanding of the strength of tailings continues to improve with new technologies, e.g. cone penetration testing, and improved sampling and laboratory techniques, and case histories from dam incidents and failures improves our knowledge of tailings behaviour. The in-situ behaviour of tailings is controlled by the types of tailings and dewatering and disposal techniques.

Technologies for dewatering tailings to reduce the risk of storage continue to be developed and the different technologies, from thickening to filtration, and re-application of old technologies are presented to illustrate the options available and, where appropriate, typical in situ properties.

This bulletin is directed towards a wide audience of stakeholders: designers, owners, regulators, communities and various organizations and provides a reference for communicating tailings properties and the benefits and limitations of technologies.

All mining operations, and thereby tailings operations, are unique. There is no one-solution-fits-all. Tailings dam designs need to account for site-specific conditions, such as climate, physiography, geochemistry, geomorphology, seismology, mining processes, environment and community setting, with the application of technologies playing an important role in developing safe, sustainable tailings facilities.

AVANT-PROPOS

Le bulletin précédent sur la conception des barrages de stériles préparé par le Comité sur les barrages de stériles de la CIGB est le Bulletin 106 – Guide des barrages et retenues de stériles – publié en 1996. Les connaissances ont depuis évolué grâce à l'application de nouvelles technologies et l'évaluation de centaines de dépôts de stériles, pour une vaste gamme de minerais, dans diverses conditions géomorphologiques, climatiques et géochimiques.

Le présent bulletin a notamment pour objet de partager les connaissances acquises sur les propriétés des stériles et les techniques de dépôt et de mettre en perspective les défis associés aux « nouvelles » technologies. La conception des barrages de stériles nécessite toujours l'application de bonnes connaissances en géotechnique, un domaine qui continue à progresser grâce aux travaux de recherche et de développement. L'atténuation des risques, grâce à l'adoption de principes de conception éprouvés et la mise en œuvre de technologies appropriées, est l'objectif des professionnels et des intervenants de la gestion des stériles.

Les membres du groupe de travail de la CIGB ont offert de nombreuses et précieuses contributions techniques pour la rédaction du présent bulletin et ils méritent les plus grands remerciements. Les pays membres y ont également contribué de manière très utile durant nos réunions et en révisant les versions de ce document. Nous tenons également à remercier les experts des comités nationaux et de l'industrie qui ont bien voulu réviser ce guide.

Harvey McLeod
Président,
Comité sur les Barrages et
Dépôts de Stériles

FOREWORD

The previous bulletin relating to tailings dam design prepared by the ICOLD Tailings Dam Committee was ICOLD Bulletin No. 106, Guide to Tailings Dams and Impoundments, which was published in 1996. Since that time there has been an improved understanding and application of new technologies and experiences gained from assessment of hundreds of tailings facilities for a wide variety of ores and varying physiographic, climatic, and geochemical conditions.

One objective of this bulletin is to share the knowledge gained, both on tailings properties and disposal technologies, and to put into perspective the challenges associated with “new” technologies. Design of tailings dams, as always, requires application of sound geotechnical principles, which continue to mature with ongoing research and development. Reducing risk through design and application of technologies is the objective of the tailings practitioners and stakeholders.

The ICOLD Working Group members provided valuable time and technical input into this bulletin and deserve special thanks. The member countries also provided valuable input during our Committee meetings and with review of this document. We also wish to thank reviewers from the National Committees and from industry experts.

HARVEY McLEOD
CHAIRMAN
COMMITTEE ON TAILINGS DAM AND
WASTE LAGOONS

PRÉFACE

Les barrages de stériles sont des ouvrages particuliers étant donné leur construction qui s'étale souvent sur une longue période et les matériaux de remblais utilisés qui peuvent comprendre des stériles, traités ou non, ainsi que des matériaux d'emprunt naturels ou des roches de mine. Certaines nouvelles technologies, telles que la filtration des stériles, permettent d'obtenir un matériau compactable, mais des difficultés peuvent découler de facteurs climatiques, géomorphologiques et géochimiques. La grande diversité des différents types de stériles, qui vont des ultrafins aux grossiers, fait qu'il est nécessaire de bien comprendre les propriétés de ces résidus si l'on veut optimiser la conception des barrages et réduire les risques physiques et environnementaux qui leur sont associés.

Les approches utilisées pour mieux comprendre les paramètres associés à la résistance des dépôts de stériles meubles continuent d'évoluer et la mécanique des sols à l'état critique est un outil utile pour la compréhension des comportements contractants (stériles meubles) et dilatants (stériles denses).

Les technologies d'assèchement s'améliorent elles aussi constamment grâce à des installations plus grandes et des coûts réduits. Un barrage bien conçu vise par ailleurs à créer des dépôts de stériles qui faciliteront une fermeture sécuritaire et viable du site à long terme.

Le sous-comité chargé des stériles s'intéresse principalement à la préparation de lignes directrices concernant la conception des barrages et des dépôts de stériles. La CIGB a récemment publié les bulletins suivants sur le sujet :

- No. 106A 1996 Guide des barrages et retenues de stériles
- No. 121 2001 Risques d'accidents graves
- No. 139 2011 Améliorer la sécurité des barrages de stériles miniers
- No. 153 2013 Conception durable

PREFACE

Tailings dams are unique engineering structures in that they are often constructed over a long period of time and the materials used for the dam can include processed or unprocessed tailings or natural borrow material or mine rock. While new technologies, such as filtered tailings, can produce a material that can be compacted, there are challenges with considerations of climate physiography and geochemistry. The wide variety of types of tailings, from ultra-fine to coarse, requires an understanding of their properties to optimize the design and to reduce physical and environmental risks.

The state of practice for understanding the strength parameters of loose tailings deposits continues to evolve and the framework of critical state soil mechanics is a useful tool for understanding contractant (loose) and dilatant (dense) behavior.

Dewatering technologies continue to improve with larger plants and reduced costs and the creation of tailings landforms for safe sustainable closure are the objectives of good design.

Guidelines for safe design of tailings dams and waste lagoons is a key focus of the Tailings Subcommittee and recent ICOLD publications include:

- No. 106A 1996 A Guide to Tailings Dams and Impoundments
- No. 121 2001 Risks of Dangerous Occurrences
- No. 139 2011 Improving Tailings Dam Safety
- No. 153 2013 Sustainable Design

1. INTRODUCTION

L'extraction et le traitement des minéraux sont d'importantes activités industrielles menées à l'échelle internationale qui peuvent produire de grandes quantités de résidus à grains fins connus sous le nom de stériles. Les stériles sont les sous-produits du traitement des minerais. Le traitement des minerais peut inclure :

- Le concassage, le broyage et diverses opérations destinées à récupérer les minéraux;
- Des étapes d'enrichissement permettant d'améliorer la teneur des minerais ou du charbon en extrayant les matériaux indésirables;
- Des étapes de lavage, notamment du sable ou du charbon, et d'amélioration des argiles;
- La production de résidus : des cendres et des scories résultant de la combustion du charbon, de l'exploitation de hauts-fourneaux, du raffinage de la bauxite, du traitement du nickel latéritique, etc.; et
- La production de sous-produits issus de réactions chimiques propres au procédé mis en œuvre (p. ex., du gypse).

Le présent bulletin est une mise à jour des connaissances portant sur les propriétés des stériles et les technologies liées à leur assèchement et à leur stockage, ainsi que sur les barrages et les ouvrages de confinement afférents. Il porte principalement sur la conception technique des barrages de confinement. Les aspects liés à la gestion, qui sont tout aussi importants, ne sont pas traités ici spécifiquement.

Le présent bulletin s'adresse à une grande diversité d'intervenants – concepteurs, propriétaires, organismes de réglementation, communautés et diverses organisations. Il se veut un ouvrage de référence participant à l'amélioration des connaissances sur les propriétés des stériles et les progrès réalisés dans le domaine de la conception des barrages de stériles. Bien qu'il ne s'agisse pas d'un guide d'application de normes de conception, l'ouvrage a pour objet d'attirer l'attention sur les nouvelles technologies, de mettre à jour les anciennes et de décrire les principaux avantages et inconvénients des unes et des autres dans le but d'améliorer la gestion des barrages de stériles.

La gestion sécuritaire des stériles est un volet crucial de la gestion des risques miniers, comme l'ont montré de récentes ruptures importantes de barrages de stériles et les impacts potentiels graves sur l'environnement, les communautés et l'économie. La gestion des stériles est donc une activité cruciale et de nombreux livres, articles techniques et autres documents ont été publiés sur le sujet. Les principes d'ingénierie éprouvés à respecter pour les barrages de stériles sont facilement accessibles, mais ils doivent être appliqués du début des travaux de construction jusqu'au démantèlement des installations et leur fermeture finale.

Chaque exploitation minière a un caractère unique et il en est de même de la gestion des stériles. Il n'existe donc pas de solution universelle au stockage des stériles. Les barrages de stériles doivent être conçus en tenant compte des conditions particulières qui prévalent sur les sites, telles que le climat, la géomorphologie, la géochimie, la sismologie, les procédés d'extraction, l'environnement et le contexte communautaire. La mise en œuvre de technologies appropriées jouera un rôle important pour le développement d'installations sécuritaires et durables pour la gestion des stériles. Parmi les facteurs pris en compte pour la conception, on peut citer :

- L'accroissement des cadences de production et des volumes de stériles avec l'augmentation de la taille des mines;
- L'éloignement des mines et leurs environnements très difficiles;

1. INTRODUCTION

Mining and industrial processing are major international industries which may produce large volumes of fine-grained waste material known as tailings. Tailings are the by-product that remain after processing. Processing can include:

- crushing, grinding and processing ore to recover minerals;
- beneficiation processes that upgrade ore, coal or mineral ores by removing unwanted materials;
- washing processes including sand or coal washing and clay upgrade;
- residues derived from: ash and slag from combustion of coal, or from blast furnaces, bauxite refining, processing laterite nickel, etc.; and
- by-products from chemical reactions within a process (e.g., gypsum).

This Bulletin updates the evolving understanding of tailings properties and technologies related to their dewatering and disposal, along with the associated dams and containment structures. Its focus is the technical design of the confining dams. Management related aspects, which are equally important, are not specifically addressed.

This Bulletin is directed towards a wide audience of stakeholders: designers, owners, regulators, communities, and various organizations. It is meant as a reference to improve knowledge on tailings properties and developments and trends in design of tailings dams. While it is not a prescriptive design guide document, it is intended to bring attention to new technologies, updates to old technologies, as well as describe their key benefits and deficiencies with the objective of improving the practice of tailings dam management.

Safe tailings management is a critical component of mine risk management, as illustrated with recent significant tailings dam failures and the potential for high environmental, social and economic impacts. The management of tailings is, therefore, crucial, and many books, technical papers and other commentaries, have been published on the topic. The principles of sound engineering for tailings dams are commonly available but need to be applied throughout the tailings life cycle, from early construction to decommissioning and final closure.

All mining operations, and thereby tailings operations, are unique. There is no one-solution-fits-all. Tailings dam designs need to account for site-specific conditions, such as climate, physiography, geochemistry, geomorphology, seismology, mining processes, environment and community setting, with the application of technologies playing an important role in developing safe, sustainable tailings facilities. Some design drivers include:

- increased production rates and increased tailings volumes as mines get larger;
- remote mines, together with very challenging environments;

- La nécessité de minimiser la consommation d'eau et d'énergie;
- La nécessité de réduire la perturbation des terres;
- La nécessité de minimiser l'impact sur l'air (poussières) et sur les eaux de surface et souterraines; et
- La nécessité de porter une attention accrue à la sécurité des communautés et de minimiser les risques qu'elles encourent en cas de défaillance d'un barrage de stériles.

De nouvelles technologies sont mises au point et certaines anciennes sont améliorées pour satisfaire à chacun de ces facteurs. Des efforts importants ont par exemple été déployés pour améliorer les technologies d'assèchement (filtration) des stériles dans le but d'améliorer la sécurité des personnes et la récupération de l'eau.

Depuis 1989, le comité de la CIGB sur les barrages et dépôts de stériles a publié 12 bulletins sur différents aspects des barrages de stériles dans le but d'augmenter la sécurité de ces ouvrages. Les deux derniers bulletins (139 et 153) étaient axés sur la conception sécuritaire pour ce qui est de l'exploitation et de la fermeture des sites. Le présent bulletin, qui vient compléter ces ouvrages, est centré sur la description des différents types de stériles et l'amélioration, au cours des dernières années, de la conception des barrages visant à les contenir. Il reflète l'expérience des membres du comité, tous spécialistes des barrages de stériles basés dans 15 pays différents.

Un des messages portés par ce bulletin est que chacune des technologies décrites pourra être mise en œuvre avec succès dans les conditions appropriées, mais pas dans n'importe quelle condition. La possibilité d'appliquer l'une ou l'autre de ces technologies doit être soigneusement évaluée par un concepteur expérimenté et la technologie choisie mise en œuvre par un opérateur tout aussi expérimenté. Le lecteur est prié de noter que la conception des barrages de stériles est une tâche complexe et qu'il est essentiel que des ingénieurs qualifiés prennent en charge la conception et la construction de ce type d'ouvrage, en tenant bien compte des problèmes discutés dans les sections techniques présentées ci-après.

Principaux chapitres :

- Propriétés des stériles – description des caractéristiques géotechniques et géochimiques des stériles, non seulement telles que déterminées durant les essais en laboratoire, mais aussi de l'évolution de certaines caractéristiques durant la construction, l'exploitation et la fermeture des sites.
- Techniques de traitement et de gestion des stériles – description des progrès récemment accomplis dans les domaines du traitement et du transport des stériles ainsi que des stratégies concernant leur mise en dépôt.
- Conception des barrages de stériles – description des progrès accomplis dans le domaine de l'ingénierie des barrages de stériles et des stratégies de confinement, et exemples d'application de ces progrès dans le contexte actuel de prise en compte de sections transversales complexes, de la sécurité des barrages et du confinement environnemental.

- requirements to minimize water and energy consumption;
- requirements to reduce land disturbance;
- requirements to minimize the impact on air (dust), and surface and ground waters; and,
- increased focus on community safety, and minimization of potential risks to communities, resulting from tailings dam failures.

New technologies emerge, and old technologies are improved to satisfy the design drivers. For example, significant effort has been put into advancing the tailing dewatering (filtration) technologies with a goal of improving safety and water recovery.

The ICOLD committee on Tailings Dams and Waste Lagoons has, since 1989, produced 12 Bulletins on different aspects of tailings dams, with the objective of increasing their safety. The focus of the last two Bulletins (no. 139 and 153) has been on safe design for operation and closure. This Bulletin is complementary to these previous Bulletins and focuses on understanding the different types of tailings and improvements in design of tailings dams over recent years. It is based on the experience of committee member — tailings dam specialists from over 15 different countries.

One of the messages of this Bulletin is that each technology can be successfully applied under appropriate conditions, but not all technologies can be used for all conditions. The application of each technology must be carefully evaluated by an experienced designer and carried out by an experienced operator. The reader is cautioned that the design of tailings dams is complex, and it is essential that qualified engineers advance the design and construction of tailings dams with due consideration of the issues discussed in the subsequent technical sections of this bulletin.

The main sections of the Bulletin are:

- Tailings properties – describes the geotechnical and geochemical characteristics of the tailings, not only as determined during the laboratory testing stages, but also which properties change during construction, operation and closure.
- Tailings technologies – describes the recent developments in tailings processing, tailings transport systems, and tailings deposition strategies.
- Tailings dam design practices – describes the developments in tailings dam engineering and containment strategies and their application to increasing trends to consider complex cross sections, dam safety and environmental containment.

2. PROPRIÉTÉS DES STÉRILES

2.1. INTRODUCTION

Les propriétés géotechniques des stériles affectent les performances du barrage durant l'exploitation et après la fermeture du site. La caractérisation des matériaux est une étape fondamentale de la conception. Elle est tout aussi essentielle durant la phase d'exploitation, car il faut s'assurer que les propriétés visées pour le barrage et les ouvrages de confinement connexes ont bien été atteintes. La caractérisation géotechnique des matériaux consiste à déterminer la plage de valeurs observée pour chaque propriété des stériles. La classification des stériles commence cependant par leur répartition en groupes à l'intérieur desquels les stériles possèdent des propriétés et des caractéristiques similaires.

En plus de l'identification des constituants minéralogiques de base, la caractérisation géochimique des matériaux requiert notamment d'évaluer le risque d'évolution néfaste de leurs propriétés sous l'effet d'altérations chimiques, en particulier leur potentiel de libérer des acides (potentiel acidogène). La caractérisation géochimique requiert également d'identifier toute substance dangereuse et d'évaluer le risque du déversement d'une telle substance dans l'environnement. En raison des composants habituels des minerais et de leur potentielle teneur élevée en sulfides, le potentiel acidogène est un paramètre important de la caractérisation géochimique. Il existe plusieurs systèmes de classification des matériaux en fonction de leur potentiel acidogène et le choix d'un système et d'une méthode appropriés pour le site en question nécessite l'intervention d'un expert. Ajoutons que la lixiviation neutre des métaux, la salinité et la présence éventuelle de sulfates, de cyanure, de thiosels et d'autres éléments délétères doivent être pris en compte pour le choix du site et la gestion de l'installation de gestion des résidus. Des analyses géochimiques non conventionnelles peuvent donc être requises pour bien comprendre le comportement géochimique des stériles.

L'objet de ce chapitre est de décrire les différents types de stériles et de passer en revue leurs propriétés géotechniques et géochimiques. Le lecteur y trouvera la quantification des principaux facteurs contrôlant les propriétés des stériles, des exemples de propriétés pour les principaux types de stériles et des commentaires concernant la manière dont ces propriétés doivent éventuellement être prises en compte lors de la sélection du site de l'IGR et de la conception du barrage de confinement. Il convient de noter que seule une bonne connaissance des propriétés des stériles pourra assurer la stabilité géotechnique et géochimique à long terme du barrage ainsi que l'efficacité de la mise en dépôt des résidus.

2.2. CLASSIFICATION DES STÉRILES

Les stériles présentent habituellement des propriétés semblables à celles des sols naturels non consolidés. Leur traitement, leur transport, leur mise en dépôt et leurs caractéristiques géochimiques peuvent cependant faire qu'ils acquièrent des propriétés non standard, aussi bien à l'échelle des particules qu'à celle du dépôt dans son ensemble. Les propriétés des stériles diffèrent cependant en fonction du corps minéralisé considéré, de sa minéralogie, du traitement infligé au minerai et du niveau de broyage. Une forte teneur en argile ou la présence, parfois en quantités relativement faibles, de montmorillonite, a par exemple une incidence importante sur la consolidation et les propriétés techniques des stériles déposés. On peut également citer la présence éventuelle de pyrophyllite et d'autres précipités complexes issus de divers processus métallurgiques. Le Tableau 2.1 présente un résumé des différents types de stériles classés en 5 catégories différentes. Ce système de classification est semblable à celui présenté par Fell et al. (2005) et Vick (1990), mais les catégories ont été structurées de manière à inclure la gamme granulométrique complète, des stériles grossiers aux stériles ultrafins à haute teneur en argile.

2. TAILINGS PROPERTIES

2.1. INTRODUCTION

The geotechnical properties of the tailings affect the performance of the dam during both operation and post closure. Material characterisation forms a fundamental part of the design, as well as being essential during operation to ensure that the assumed parameters for the dam and the containing structures are achieved. Material characterisation for geotechnical purposes involves identifying the range of properties of the tailings. However, at its basic level, tailings classification involves the arrangement of tailings into groups that have similar properties and characteristics.

In addition to identification of basic mineralogical constituents, material characterisation for geochemical purposes involves assessing the potential for deleterious changes in material properties resulting from chemical alteration, particularly the acid generation potential. Such characterisation also includes the identification of any hazardous/dangerous substances, and the potential for their release in to the environment. Due to the common constituents of ore bodies and their potentially elevated sulphide content, acid generation is important for geochemical characterisation. There are several acid generation classification systems available globally, for which expertise is required in determining the most appropriate method for each jurisdiction. In addition, neutral metal leaching and salinity and sulphate, cyanide, thiosalts and other deleterious elements influence the environmental setting/management of the TSF. To this end, non-standard geochemical tests may be required to understand the geochemical behavior of the tailings.

The purpose of this section is to describe the different types of tailings and their geotechnical and geochemical properties. The section includes the quantification of the main factors controlling the tailings properties, provides examples of properties for typical types of tailings, and includes discussions on how these properties may impact the selection of the TSF and confining dam design. It is noted that the long-term geotechnical and geochemical stability, as well as disposal efficiency, is founded on the fundamental knowledge of the tailings properties.

2.2. CLASSIFICATION OF TAILINGS

Tailings typically have similar properties to natural unconsolidated soils, however, the processing, transportation, deposition and the geochemical characteristics may impart non-standard properties to the tailings both at particulate and mass deposition level. Tailings properties differ, however, depending on the orebody, mineralogy and the processing and/or degree of grinding. For example, high clay contents or the presence, sometimes in relatively small quantities, of montmorillonite clays, significantly influence the consolidation and engineering properties. Other examples include pyrophyllites and complex precipitates from metallurgical processes. Table 2.1 presents a summary of tailings types classified into 5 different categories. The classification system is like those presented by Fell et al. (2005) and Vick (1990), however, the categories have been structured to include the continuum from coarse tailings through to ultra-fine clay tailings.

Tableau 2.1
Sommaire des différents types de stériles et classification géotechnique

Type de stériles	Symbole	Description (comparer)	Exemple de minéral ou de minerai
Stériles grossiers	SG	SABLE silteux, non plastique	Sel, sables minéraux, stériles houillers grossiers, sables provenant de minerai de fer
Stériles de roches dures	SRD	SILT sableux, de plasticité nulle à faible	Cuivre, sulfures massifs, nickel et or
Stériles de roches altérées	SRA	SILT sableux, traces d'argile, plasticité faible, présence de bentonite	Cuivre porphyrique avec altérations hydrothermales, roches oxydées, bauxite. Processus de lixiviation
Stériles fins	SF	SILT, avec des traces d'argile, plasticité faible à modérée	Fins de minerai de fer, bauxite (boue rouge), stériles houillers fins, processus de lixiviation, minerais polymétalliques métamorphosés ou altérés
Stériles ultrafins	SUF	ARGILE limoneuse, plasticité élevée, densité et conductivité hydraulique très faibles	Sables bitumineux (stériles fins fluides), particules fines de phosphate; quelques particules fines de kimberlite et de houille

Note: Sont exclus de ce tableau les stériles ultra-grossiers, issus des circuits de séparation en milieu dense (SMD), qui sont généralement composés de particules à granulométrie uniforme, de taille moyenne à fine.

Les cinq types de stériles sont donc :

- Stériles grossiers : généralement, un matériau sans cohésion, contenant des particules de formes angulaires, présentant une résistance au cisaillement moyenne à élevée et une conductivité hydraulique élevée. Cependant, dans le cas des résidus de sel, des effets dus à la solubilité et à la présence de solutions localisées peuvent réduire la conductivité hydraulique et engendrer un certain degré de cohésion apparente. Les propriétés des stériles houillers grossiers dépendront fortement de la séquence sédimentaire d'où provient le matériau. Par exemple, des éléments friables et feuilletés peuvent montrer une résistance au cisaillement et une conductivité hydraulique moindres une fois chargés.

- Stériles de roche dure : en particulier ceux provenant de roches ignées ou méta sédimentaires, ils présentent des particules généralement angulaires, une bonne résistance au cisaillement et une conductivité hydraulique directement liée à leur granulométrie (c.-à-d. conformes à la relation de Hazen [1982]). Cependant, lors du broyage, certaines roches métamorphiques produisent une fraction plus fine qui peut avoir des propriétés différentes de celles des principaux constituants des stériles. Ces fragments plus fins peuvent être déterminants pour les propriétés des dépôts de stériles ou avoir une incidence sur les processus de déposition, en induisant un comportement de stériles de roche altérée. La portion fine des stériles de roche dure séparés peut également se comporter davantage comme des stériles de roches altérées.

Table 2.1
Summary of tailings types and geotechnical classification

Tailings Type	Symbol	Description (compare)	Example of mineral/ore
Coarse tailings	CT	Silty SAND, non-plastic	Salt, mineral sands, coarse coal rejects, iron ore sands
Hard Rock tailings	HRT	Sandy SILT, non to low plasticity	Copper, massive sulphide, nickel, gold
Altered Rock tailings	ART	Sandy SILT, trace of clay, low plasticity, bentonitic clay content	Porphyry copper with hydrothermal alteration, oxidized rock, bauxite. leaching processes
Fine tailings	FT	SILT, with trace to some clay, low to moderate plasticity	Iron ore fines, bauxite (red mud), fine coal rejects, leaching processes, metamorphosed/weathered polymetallic ores
Ultra Fine tailings	UFT	Silty CLAY, high plasticity, very low density and hydraulic conductivity	Oil sands (fluid fine tailings), phosphate fines; some kimberlite and coal fines

Note: that this table excludes the ultra-coarse tailings derived from dense media separation (DMS) circuits, which generally comprise uniformly graded medium to fine gravel sized particles.

The five tailings types are summarized as follows:

- Coarse tailings – generally a cohesionless angular soil exhibiting medium–high shear strengths and high hydraulic conductivity. However, in the case of salt tailings, solubility and localised solution effects may reduce hydraulic conductivity and impart a degree of apparent cohesion. In the case of coarse coal tailings, the properties will be heavily dependent on the sedimentary sequence from which the material is derived. For instance, brittle and flakey elements may exhibit lower shear strength and hydraulic conductivity when loaded.

- Hard rock tailings – particularly those derived from igneous and metasedimentary rocks generally exhibit angularity, good shear strength, and a hydraulic conductivity directly related to the grading, i.e., conforming to the Hazen (1982) relationship. However, on comminution, some metamorphic rocks produce a finer fraction, which may exhibit different properties from the main constituents of the tailings. These finer fragments may dictate the properties of the tailings deposit or impact the deposition process, which may make them behave as altered rock tailings. The fine portion of segregated hard rock tailings may also behave more as altered rock tailings.

- Stériles de roche altérée : proviennent de roches ayant subi un certain degré de transformation des minéraux feldspathiques en minéraux argileux ou qui contiennent des minéraux argileux naturellement présents. Ces stériles présentent des capacités de sédimentation modérées et une résistance au cisaillement qui dépend de la proportion et du type de la fraction argileuse. Cependant, si la fraction des particules inférieures à 2 μm est supérieure à 5 %, les stériles peuvent présenter des propriétés semblables à celles des stériles fins.

- Stériles fins : un matériau généralement dominé par du limon, contenant souvent des fractions granulométriques correspondant à l'argile. Lorsque les particules fines proviennent du broyage, elles peuvent contenir de la « farine de roche » et donc ne pas présenter les caractéristiques habituelles des argiles.

- Stériles ultrafins : un matériau particulaire dont les propriétés sont déterminées par la fraction la plus fine. Ils peuvent comprendre les argiles naturelles, des produits de décomposition ou des produits issus de la neutralisation d'acides tels que des boues de bio-oxydation ou de traitement des eaux usées. Les stériles ultrafins sont caractérisés par une conductivité hydraulique et une densité faible. S'ils ne font pas l'objet d'un drainage intensif ou d'une exposition permettant l'évaporation en climat aride, les stériles ultrafins peuvent mettre des centaines d'années à se consolider.

Comme le montre le Tableau 2.1, il existe une vaste gamme de stériles dont les principales propriétés dépendent de la nature des dépôts géologiques d'origine, ainsi que du type et de l'origine du minerai (des minerais métallifères à la bauxite et de la houille aux minerais industriels). Les propriétés liées au minerai primaire sont altérées par les différentes méthodes de traitement, telles que la concentration par gravité, la flottation par moussage, la séparation électrostatique, la séparation magnétique, la lixiviation et l'oxydation. La plupart des procédés font appel au concassage et au broyage, deux étapes qui ont une incidence sur les caractéristiques géotechniques des stériles. Ces caractéristiques sont également affectées par les procédés mis en œuvre en aval, comme la séparation en milieu dense, l'épaississement, l'ajustement du pH, l'élimination des sulfures et la séparation des fractions correspondant aux fines et aux sables. De plus, la ségrégation qui intervient durant la mise en dépôt modifie la granulométrie des fractions les plus grossières et les plus fines, et donc la classification des stériles.

2.3. PROPRIETES DES STERILES DETERMINÉES EN LABORATOIRE

2.3.1. Introduction

La détermination des propriétés des stériles doit tenir compte non seulement des propriétés associées à la nature des particules, mais aussi de l'état de ces particules in situ et de la structure d'ensemble de la masse de stériles, à savoir :

- La nature géotechnique des stériles est définie par leur distribution granulométrique ainsi que le pourcentage et la plasticité de la fraction d'argile.

- L'état in situ est déterminé par la densité, la teneur en eau, la rigidité et la résistance.

- La structure de la masse de stériles est définie par l'intercalation des couches et la ségrégation qui interviennent durant la mise en dépôt, deux processus dont les caractéristiques ne sont pas capturées lors de la reconstitution des échantillons.

- Altered Rock tailings – derived from rocks that have undergone some alteration of the feldspar minerals to clay minerals, or with naturally occurring clay minerals. These tailings exhibit moderate settling characteristics and shear strength dependent on the quantity and type of clay fraction. However, if there is >5% -2μm fraction, the tailings may exhibit similar properties to fine tailings.

- Fine tailings – generally a silt-dominated product, often containing clay size fractions. Where fine particles result from the comminution process, the fines may comprise "rock flour" and thus will not exhibit clay-like characteristics.

- Ultra-Fine tailings – a particulate product whose properties are defined by the finest (clay) fraction and may comprise natural clays, decomposition products, or tailings derived from acid neutralisation processes such as bio-oxidation or water treatment sludges. Ultra-fine tailings are characterised by low hydraulic conductivity and density. Without intensive drainage, or exposure to evaporation in arid climates, ultra-fine tailings may take hundreds of years to consolidate.

As is evident from Table 2.1 there is a broad range of tailings whose primary properties are dependent on the geology of the originating deposit, as well as the ore types and range, from metal ores through bauxite and coal to industrial minerals. The primary ore related properties are altered by the different processing methods, such as gravity concentration, froth flotation, electrostatic separation, magnetic separation, leaching and oxidation. Most processes involve a degree of crushing and grinding in the comminution circuit, which influences the geotechnical characteristics of the tailings. These are further affected by the downstream physical processes, such as dense media separation, thickening, pH adjustment, sulphide removal and separation of fine and sand size fractions. Additionally, segregation during deposition changes the gradation, and hence tailings classification, of the coarser and finer fractions.

2.3. TAILINGS PROPERTIES – LABORATORY-BASED

2.3.1. Introduction

The determination of tailings properties (parameters) must consider not only those properties associated with the nature of the particulates, but also their in-situ state and the overall structure of the tailings mass, as follows:

- the geotechnical nature of the tailings is defined by the particle size distribution and the percentage and plasticity of the clay fraction.

- the in-situ state is determined by the density, water content, stiffness and strength.

- the structure of the tailings mass is defined by the interlayering and segregation that occurs during deposition, of which features would be removed by sample reconstitution.

La plupart du temps, les essais en laboratoire peuvent seulement déterminer les propriétés associées à l'état in situ des échantillons de stériles recueillis, ces propriétés étant par la suite extrapolées aux conditions existantes sur le terrain. Les propriétés de la masse des stériles peuvent seulement être déterminées à partir d'échantillons non perturbés de haute qualité sur le terrain ou d'essais in situ de pénétration au cône (CPT). De plus, il est nécessaire de bien comprendre et de quantifier l'impact sur les stériles d'une éventuelle oxydation ou autre altération géochimique durant le dépôt, et ceci est particulièrement important pour les stériles provenant de minerais sulfurés. En plus de déterminer les propriétés physiques des stériles, les essais effectués en laboratoire doivent également inclure une évaluation de l'altération éventuelle de ces propriétés par des facteurs géochimiques.

Le programme d'analyse des stériles en laboratoire doit tenir compte du procédé envisagé pour le traitement du minerai, du plan de mise en dépôt des stériles et de leurs propriétés géochimiques potentielles. Des échantillons de stériles sont habituellement générés durant la phase de conception du projet, lors d'essais en cycle fermé qui permettent de simuler le procédé proposé. Cependant, à ce stade du projet, il se peut que le procédé soit encore en développement, que la quantité d'échantillons disponibles pour des essais soit limitée et que les matériaux disponibles ne soient pas très représentatifs du corps minéralisé. Les résultats obtenus à partir des échantillons de stériles fournis durant la phase de conception ne sont donc qu'indicatifs et des analyses ultérieures visant à caractériser les stériles en continu doivent être planifiées pour vérifier le bien-fondé de la conception et contrôler la qualité de la construction. Il est souhaitable de se référer à des études de cas et à des articles traitant de stériles de même type. Il faudra de plus déterminer les propriétés géotechniques des stériles de manière périodique pour suivre les conditions réelles du dépôt tout au long du cycle de vie de la mine.

L'épaississement des stériles se traduit par une augmentation de la concentration en solides. Pour des stériles de roche dure de densité 2.75, cette concentration peut par exemple augmenter de 50 % avec des épaississeurs conventionnels et de 65 %, voire même de 70 %, avec des épaississeurs à haute densité ou à haut rendement. La phase d'épaississement est discutée plus en détail dans le paragraphe 3.4 du présent bulletin. L'assèchement plus poussé des stériles nécessite la mise en œuvre de techniques de filtration permettant d'augmenter la concentration en solides jusqu'à l'obtention d'une teneur en eau proche de l'optimum pour le compactage.

La représentativité des échantillons de stériles doit être intégrée au plan d'extraction et de traitement pour confirmer que ces stériles sont bien représentatifs de la minéralogie du gisement, en particulier de la fraction argileuse. Il n'est pas rare que des stériles provenant de minerais complexes ou altérés présentent une large gamme de propriétés et relèvent donc de différents types qui, sur certains sites miniers, sont directement liés à différentes unités géologiques au sein des corps minéralisés.

Le programme d'analyse en laboratoire doit également être conçu pour tenir compte des facteurs suivants : la sédimentation, l'évaporation et les conditions de drainage, la géochimie et l'utilisation éventuelle des stériles pour la construction de remblais, par exemple à l'aide des stériles provenant d'hydrocyclones.

Les paramètres obtenus à partir des analyses géotechniques sont importants pour confirmer la taille et la configuration de l'installation de gestion des résidus (IGR), la vitesse d'élévation du remblai de confinement principal, les intervalles requis entre les différentes phases de construction, la stabilité du remblai et le plan de fermeture. Les résultats des essais géotechniques sont également utilisés pour évaluer la nécessité d'aménager des systèmes de drainage des bassins et des remblais, concevoir les systèmes de transport des stériles et définir les méthodes de mise en dépôt.

Les divers flux de résidus doivent être l'objet d'une série d'essais visant à les caractériser et à déterminer, le cas échéant, leurs paramètres de sédimentation, de dessiccation et de résistance mécanique, afin d'évaluer leurs performances dans divers scénarios de mise en dépôt et de concentrations en solides. Cette phase peut se révéler importante, en particulier lorsqu'il sera avantageux, sur le plan environnemental ou au niveau des structures, de gérer séparément chacun des flux de résidus, en leur attribuant par exemple différentes parties de l'IGR ou en les déversant dans des installations de stockage séparées. Les progrès constants accomplis dans le traitement des minerais permettent d'envisager la séparation des stériles « neutres » des stériles plus dangereux, ces derniers pouvant alors être gérés séparément.

Laboratory-based tests are, under most circumstances, only able to determine those properties associated with the in-situ state of the tailings samples collected, which are then extrapolated to field conditions. The properties of the tailings mass can only be determined by obtaining high quality, undisturbed samples from the field or from in situ testing using cone penetration testing (CPT). In addition, and of paramount importance for tailings derived from sulphidic ores, is the need to understand and quantify the impact on the deposited tailings if oxidation and geochemical alteration occurs during deposition. All laboratory- based test work must, in addition to considering the physical properties of the tailings, assess how these properties may be affected by geochemical influences.

The design of the laboratory testing program for tailings needs to consider the proposed milling process, the potential tailings deposition plan and the potential geochemical properties. Tailings samples are usually generated at the design stage of the project with the use of "lock – cycle" tests, which simulate the proposed process. However, at this stage of the project, the process flow sheet design may be fluid, the samples available for testing limited in volume, and available material may not be fully representative of the ore body. The property data derived from tailings samples provided at the design stage should, therefore, be treated as indicative only with ongoing tailings characterisation testing planned for both design confirmation and construction quality assurance purposes. Reference should be made to tailings case histories and literature with similar types of tailings. Further, the characterisation of geotechnical properties should be an ongoing requirement to reflect actual conditions during the mine life.

Thickening of tailings increases the solids concentration. For example, hard rock tailings with a specific gravity of 2.75 can achieve up to 50% in conventional thickeners, and up to 65% and occasionally 70%, with high density or high rate thickeners Further discussion on thickening is presented in Section 3.4 of this Bulletin. Further dewatering of tailings requires the use of filtration technologies, which can increase the solids concentration to near its optimum moisture content for compaction.

The representativeness of the tailings samples needs to be integrated with the mining and milling plan to confirm that the tailings are representative of the mineralogy, particularly of the clay fractions of the ore deposit. It is not unusual for tailings produced from complex, altered ore deposits to have a range of material properties and, hence, tailings types which, on some mine sites, is directly related to different geological units within the ore bodies.

Other considerations in the design of the laboratory testing program include: sedimentation, evaporation and drainage conditions, geochemistry and testing for potential use such as dam embankment construction, e.g., cyclone tailings.

Design parameters derived from geotechnical testing are important in confirming the size and configuration of the TSF, the rate of rise of the main confining embankment, the required sequential construction intervals, the embankment stability, and closure plan. Geotechnical testing results are also used in assessing the need for basin and embankment drainage systems, as well as designing tailings transportation systems and defining depositional methodology.

The various tailings streams should be subjected to a series of characterisation, sedimentation, desiccation, and strength tests, as appropriate, to evaluate their performance under deposition scenarios and solids concentrations. This could be significant, particularly where there could be environmental or structural benefits from dealing separately with the individual streams, such as in different parts of a TSF or in separate TSFs. Ongoing developments in mineral processing continue to open the opportunities for segregating "neutral" tailings from more hazardous tailings, which can be managed separately.

2.3.2. Propriétés physiques et granulométrie

Les propriétés physiques sont utilisées pour la caractérisation de base des stériles. Ce sont les propriétés intrinsèques du matériau, normalement immuables. Elles comprennent normalement :

- La densité
- La distribution granulométrique (ou granulométrie)
- Les limites d'Atterberg, l'indice de liquidité et la limite de retrait

La densité des particules solides a une incidence directe sur la masse volumique des stériles. La densité des particules solides de divers types de stériles est donnée dans le tableau 2.2. ci-dessous.

Tableau 2.2
Densité des particules solides typique de différents types de stériles

Exemples de sources de stériles	**Type de stériles**	**Densité (t/m³)**
Sel	SG	1,5
Sables métallifères ou stériles houillers grossiers	SG	2,5 – 2,8
Or, cuivre	SRD - SRA	2,7
Minerais sulfurés	SRD - SRA	3,2 – 3,8
Métaux communs	SRD - SRA	3,5 – 4,2
Bauxite	SF	2,7 – 3,0
Fines de charbon (varie avec le pourcentage de charbon)	SF	1,6 à 2,2
Résidus de traitement d'eaux d'exhaure	SUF	< 0,3
Résidus de lixiviation et stériles fins provenant d'une bio-oxydation	SUF	< 1,0

La granulométrie des stériles dépend a) de la genèse du minerai, b) du degré de broyage, c) des produits d'altération et des fractions d'argiles présentes dans le corps minéralisé, d) du degré de lavage ou de triage et e) sur certains sites miniers, des étapes finales d'extraction (flottation, lixiviation, oxydation, etc.). La figure 2.1 présente la gamme granulométrique typique pour les diverses classes de stériles données dans le tableau 2.1. La courbe granulométrique indicative aide à comprendre les propriétés de base des stériles et à prévoir leur comportement typique, de type sable, silt ou argile.

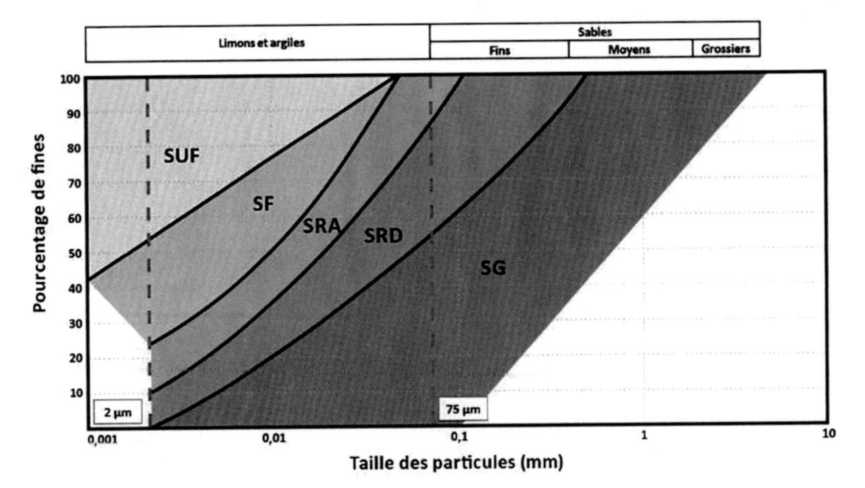

Figure 2.1
Gamme granulométrique typique pour les différents types de stériles

2.3.2. *Index Properties and Gradation*

Index properties are used for basic characterization of the tailings and are the intrinsic properties of the material which might be expected to remain constant over time. Index properties typically include:

- Specific gravity
- Particle size distribution (gradation)
- Atterberg Limits, Liquidity Index and Shrinkage Limit

Specific gravity directly affects the density of the tailings. Typical values of specific gravity for various tailings types are summarized in Table 2.2.

Table 2.2
Typical specific gravity of types of tailings

Examples of Tailings Source	Tailings Type	Specific Gravity (t/m^3)
Salt	CT	1.5
Iron ore sands or coarse coal rejects	CT	2.5 – 2.8
Gold, copper	HRT - ART	2.7
Sulphidic ores	HRT - ART	3.2 – 3.8
Base metals	HRT - ART	3.5 – 4.2
Bauxite	FT	2.7 – 3.0
Coal fines (varies with percentage of coal)	FT	1.6 to 2.2
Mine water treatment residues	UFT	<0.3
Leach residues/ Bioxidation fine tailings	UFT	< 1.0

Tailings gradation is influenced by (a) the ore genesis, (b) the degree of grinding in the comminution circuit, (c) the alteration products and clay the fractions present in the orebody, (d) the degree of washing or sorting and, at some mine sites, (e) the final stages of extraction (flotation, leaching, oxidation, etc.). Figure 2.1 presents the typical range of gradation for the various tailings classifications described in Table 2.1. The indicative gradation curves assist in understanding the basic properties of the tailings, with respect to behaving as a sand, silt or clay.

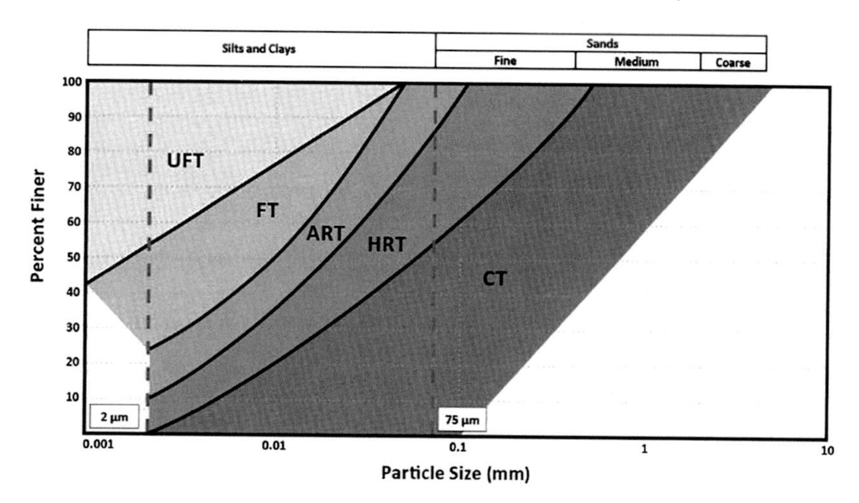

Figure 2.1
Typical gradation range for tailings types

La plasticité des stériles dépend de la fraction d'argile et des différents types d'argiles qu'ils contiennent. Les stériles ayant une plasticité élevée sont caractérisés par des paramètres de sédimentation et de consolidation défavorables, une faible résistance au cisaillement et une faible conductivité hydraulique. La figure 2.2 présente le graphe des limites d'Atterberg montrant les limites typiques pour différents types de stériles.

Il convient de noter que certains stériles contenant une large fraction de particules inférieures à 2 μm peuvent présenter une faible plasticité à cause de l'angularité de la fraction la plus fine, de la farine de roche plutôt qu'une véritable fraction argileuse.

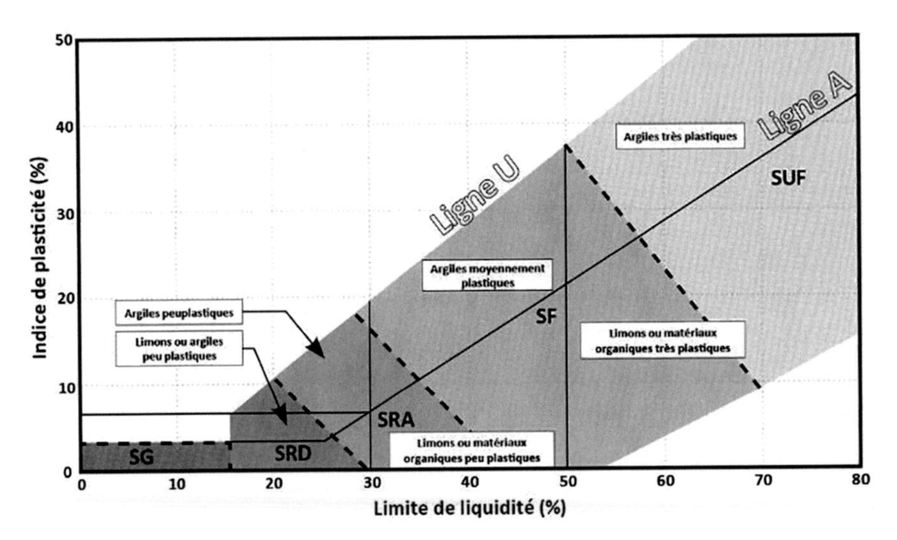

Figure 2.2
Plasticité de différents types de stériles

L'activité de la fraction argileuse (indice de plasticité / % argile [< 2 μm]) est un indicateur du type d'argile présent et peut être utilisé, avec les analyses minéralogiques et par diffraction de rayons X, pour mieux caractériser la fraction fine et la présence d'autres minéraux. La fraction argileuse, en particulier le type de minéral dominant, peut avoir une incidence sur les propriétés de consolidation des stériles et la constructibilité des remblais, comme le résume le Tableau 2.3. L'activité de l'argile fournit aussi une indication du potentiel de dilatation des argiles gonflantes. Les argiles dont l'activité est inférieure à 0,75 sont considérées inactives, tandis que celle présentant un indice d'activité supérieur à 1,25 sont considérées comme actives et possédant un potentiel de gonflement.

The plasticity of the tailings is controlled by the clay fraction and the types of clays present in the tailings. High plasticity tailings are characterized by poor settling and consolidation parameters, low shear strength, and low hydraulic conductivity. Figure 2.2 presents an Atterberg Limits chart indicating typical limits for the various tailings classifications.

It is noted that some tailings with an elevated percentage of -2μm particles may exhibit low plasticity due to the angularity of the finest fraction, which represents rock flour rather than a true clay fraction.

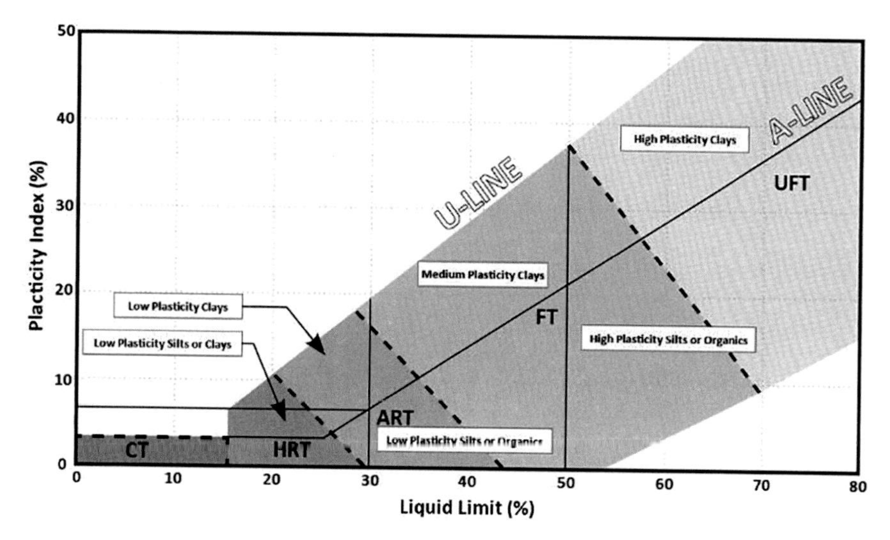

Figure 2.2
Plasticity chart for tailings types

The activity index of the clay fraction (plasticity index / % clay (< 2μm)) provides an insight into the type of clay and can be used, along with X-ray diffraction and mineralogical analysis, to further characterize the fine fraction and the presence of other minerals. The clay fraction, particularly the dominant mineral type, can impact the consolidation properties for the tailings and the constructability for embankment fill, as summarized in Table 2.3. The activity index of the clay also provides an indication of the swelling potential of expansive clays. Clay with an activity index <0.75 is considered inactive, while clay with an activity index >1.25 is considered active and has swelling potential.

Tableau 2.3
Incidence des différents types d'argile sur la conductivité hydraulique, les propriétés de sédimentation et la sensibilité à l'humidité

Type d'argile	Plasticité	Activité	Conductivité hydraulique	Caractéristiques de sédimentation	Constructibilité et sensibilité à l'humidité
Farine de roche	Non plastique		Conductivité hydraulique directement liée aux valeurs de Hazen	Capacité de sédimentation généralement bonne	Sensible à l'eau durant la construction
Kaolinite	Plasticité faible	0.40	Valeurs les plus élevées pour les argiles	Capacité de sédimentation généralement bonne	Sensible à la teneur en eau durant la construction et vitesse de consolidation modérée
Illite	Plasticité moyenne	0,90	Conductivité hydraulique intermédiaire entre la kaolinite et la montmorillonite	Intermédiaire entre la kaolinite et la montmorillonite	Intermédiaire entre la kaolinite et la montmorillonite
Montmorillonite	Plasticité élevée	>1,5	Perméabilité très faible	Faible capacité de sédimentation, avec formation de flocons légers facilement perturbés par le vent ou les vagues. Faible vitesse de consolidation	Sensible à la teneur en eau durant la construction, vitesse de sédimentation élevée et vitesse de consolidation faible

La Figure 2.3 est un graphe d'activité, montrant l'indice de plasticité des différents types de stériles en fonction de leur fraction argileuse, avec les différents types d'argile. L'indice d'activité est important pour comprendre les caractéristiques de conductivité hydraulique et de consolidation des stériles et donc leur densité in situ. Il existe une relation directe entre la minéralogie des argiles et les caractéristiques de sédimentation : plus l'activité est élevée, plus la sédimentation et la consolidation deviennent problématiques.

Table 2.3
Summary of clay source influence on hydraulic conductivity, settling properties and moisture sensitivity

Clay Type	**Plasticity**	**Activity Index**	**Hydraulic conductivity Influence**	**Settling Characteristics**	**Constructability Moisture Sensitivity**
Rock flour	Non-plastic		Hydraulic conductivity directly related to Hazen values	Generally good settling properties	Moisture sensitive during construction
Kaolinite	Low plasticity	0.40	Upper end of clay hydraulic conductivity	Generally good settling properties	Sensitive to moisture content during construction and exhibits moderate consolidation rates
Illite	Medium plasticity	0.90	Intermediate hydraulic conductivity between kaolinite and montmorillonite	Intermediate between kaolinite and montmorillonite	Intermediate between kaolinite and montmorillonite
Montmorillonite	High plasticity	>1.5	Very low permeabilities	Poor settling properties with light weight flocs easily disturbed by wind and wave. Slow rate of consolidation	Sensitive to moisture content during construction and exhibits high settlements and slow consolidation rates

Figure 2.3 shows an Activity Chart which relates the plasticity index and the clay fraction for the tailings types and illustrates the typically associated clay types. The Activity index is important in understanding the hydraulic conductivity/consolidation characteristics of the tailings and thus its in-situ density. There is a direct relationship between clay mineralogy and settlement characteristics - the higher the activity, the more problematic sedimentation and consolidation becomes.

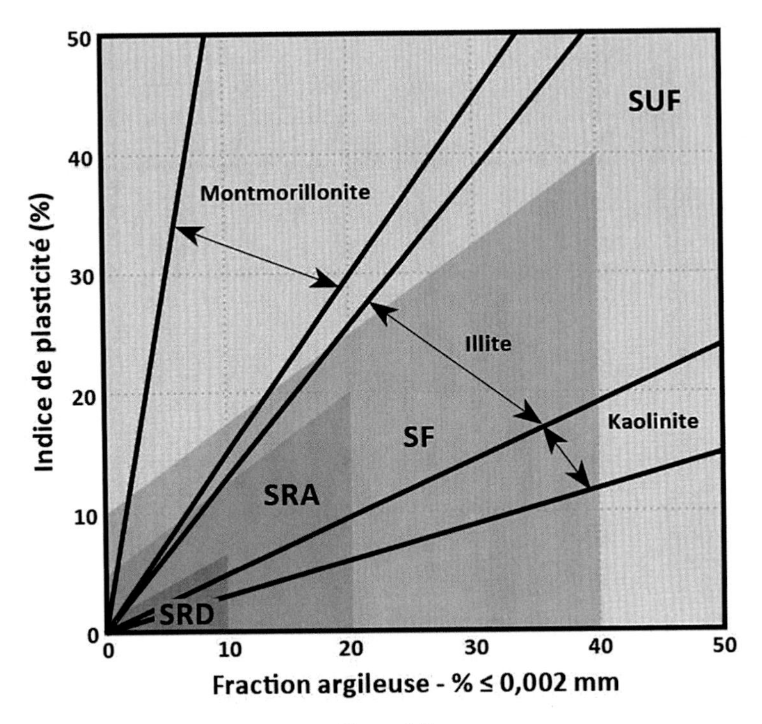

Figure 2.3
Domaines d'indices de plasticité et de fraction argileuse (activité)
pour différents types d'argiles et de stériles

Limite de retrait et indice de liquidité

La limite de retrait (w_L) est la teneur en eau à partir de laquelle la dessiccation ne provoque plus de changement de volume. La limite de retrait peut être utilisée conjointement aux tests de dessiccation pour comprendre le comportement des stériles en cours de dessèchement et évaluer la probabilité de formation de fractures de dessiccation.

L'indice de liquidité (I_L) est égal à : (teneur en eau – limite de plasticité) /indice de plasticité. Lorsque I_L est > 1, le remaniement peut transformer les stériles en une boue épaisse et visqueuse. La connaissance de l'évolution de l' I_L des stériles in situ peut aider à prévoir leur comportement sous une charge statique ou dynamique. Cet aspect est également important pour la liquéfaction statique des stériles et les conséquences possibles d'un déversement de stériles suite à une rupture de barrage.

2.3.3. Propriétés liées à la sédimentation, à la consolidation et à la densité

La sédimentation des stériles peut être un processus complexe. Il résulte de la sédimentation des particules, de la floculation, de la ségrégation et de la consolidation. La sédimentation a une incidence sur l'efficacité de la mise en dépôt et sur la clarté des eaux surnageantes destinées à être recyclées. La consolidation transforme les stériles en les faisant passer de matériaux ressemblant à des boues à des matériaux s'apparentant à de la terre. La sédimentation et la consolidation peuvent aussi, dans certains cas, être affectées par les caractéristiques de l'eau de procédé (par exemple, lorsque des argiles actives sont présentes avec des eaux de procédé salées). Dans la présente section sont décrits différents types d'analyses visant à caractériser les propriétés liées à la sédimentation et à la consolidation.

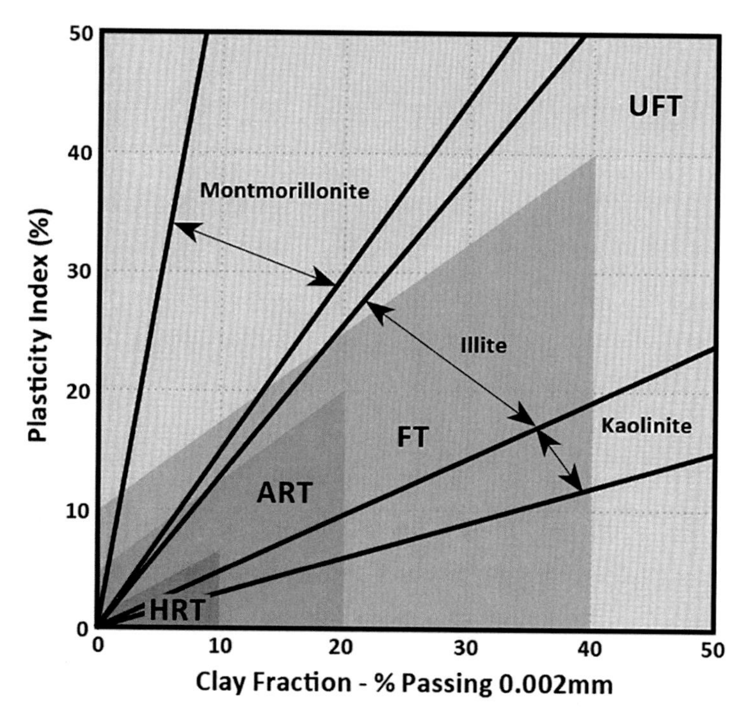

Figure 2.3
Range of plasticity index and clay fraction (Activity)
for different clay types and tailings types

Shrinkage Limit and Liquidity Index

The shrinkage limit (w_L) is the moisture content at which no more volume change occurs on drying. The w_L can be used in conjunction with drying tests to understand the behaviour of tailings as they dry, and the potential of desiccation cracks forming.

The liquidity index (I_L) is equal to: (water content – plastic limit)/plasticity index. Where I_L is >1, remoulding can transform the tailings into a thick viscous slurry. Understanding the variation of I_L in the in-situ state of tailings can inform behaviour of the tailings under static or dynamic loading. This is also an important consideration in the static liquefaction of tailings and the potential consequences of a dam breach runout of tailings.

2.3.3. Settling, Consolidation and Density Properties

The settling of tailings can be complex and combines the processes of particle sedimentation, flocculation, segregation, and consolidation. Sedimentation influences the efficiency of deposition and the clarity of the settled supernatant water for recycling. Consolidation transforms the tailings from a slurry-like material to a soil-like material. Sedimentation and consolidation can also, in some cases, be affected by the characteristics of the process water (for example, where active clays are present with saline process water). This section describes different types of testing used to characterize the settling and consolidation properties.

Relation entre : concentration en solides, indice des vides, masse volumique, densité et teneur en eau

Les résultats des essais de sédimentation et de consolidation peuvent être corrélés à la concentration en solides de la boue de stériles, à la densité, à la densité sèche, à l'indice des vides et à la teneur en eau des solides décantés, comme le montrent les Figures 2.4, 2.5 et 2.6.

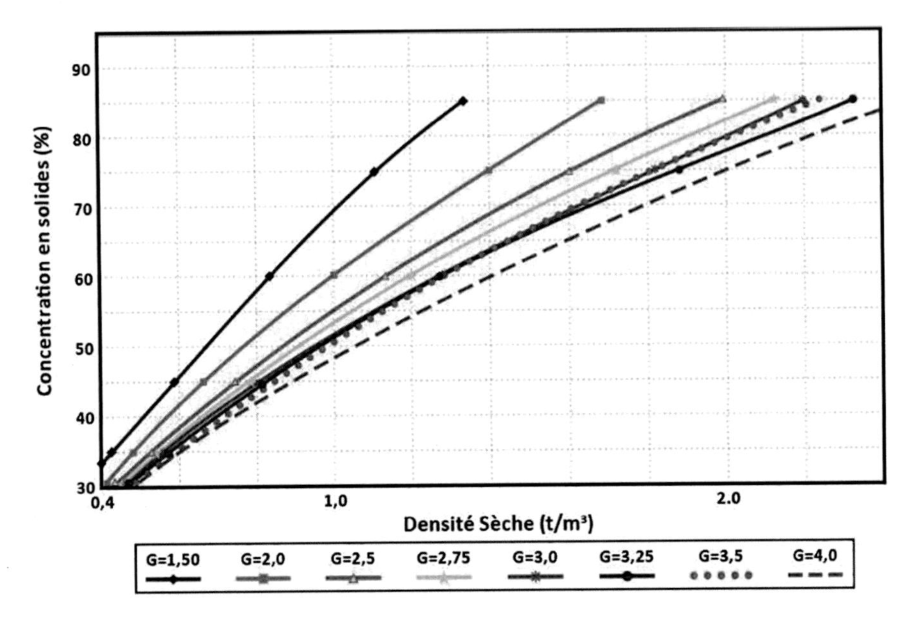

Figure 2.4
Concentration en solides (%) en fonction de la densité sèche pour différentes densités des particules solides (G)

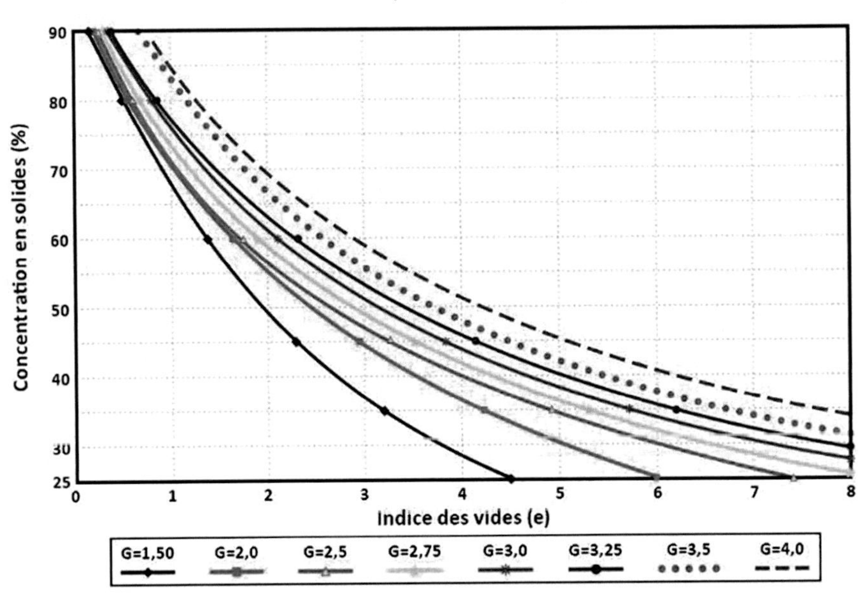

Figure 2.5
Concentration en solides (%) en fonction de l'indice des vides pour différentes densités des particules solides (G)

Relationships Between: Solids Concentration, Void Ratio, Density, Specific Gravity and Moisture Content

The settling and consolidation tests can be correlated to the solids concentration of the tailings slurry, specific gravity, dry density, void ratio and moisture content of the settled solids, as shown on Figure 2.4, Figure 2.5 and Figure 2.6.

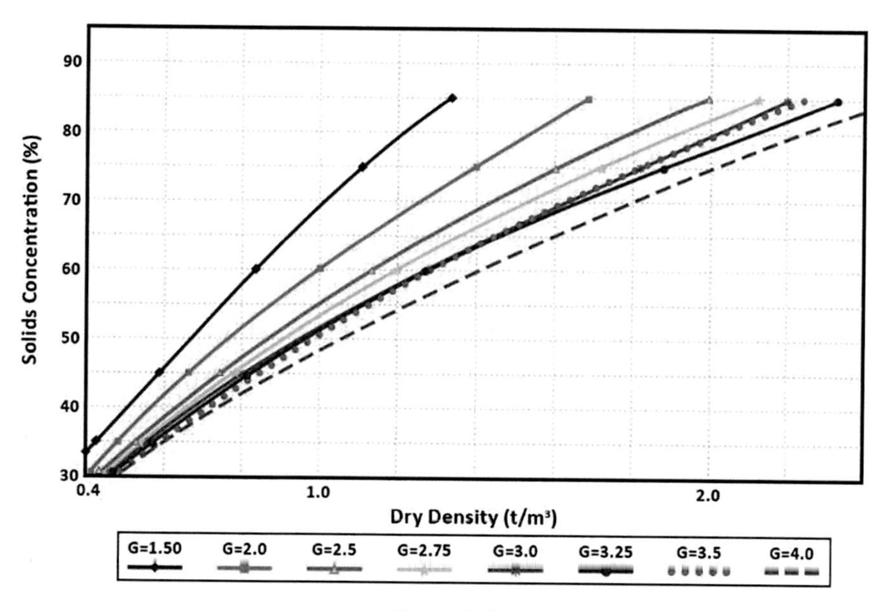

Figure 2.4
Solids concentration (%) versus dry density for different specific gravities (G)

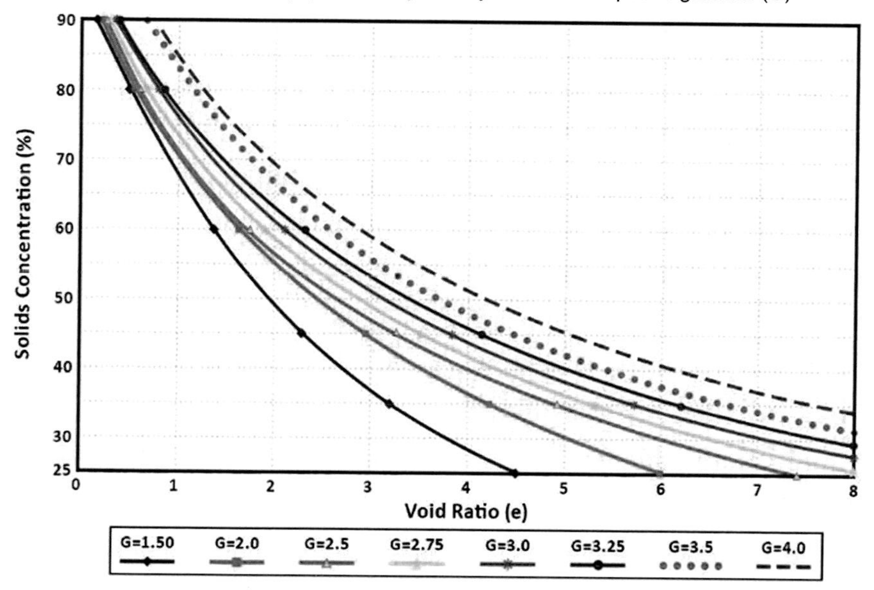

Figure 2.5
Solids concentration (%) versus void ratio for different specific gravities (G)

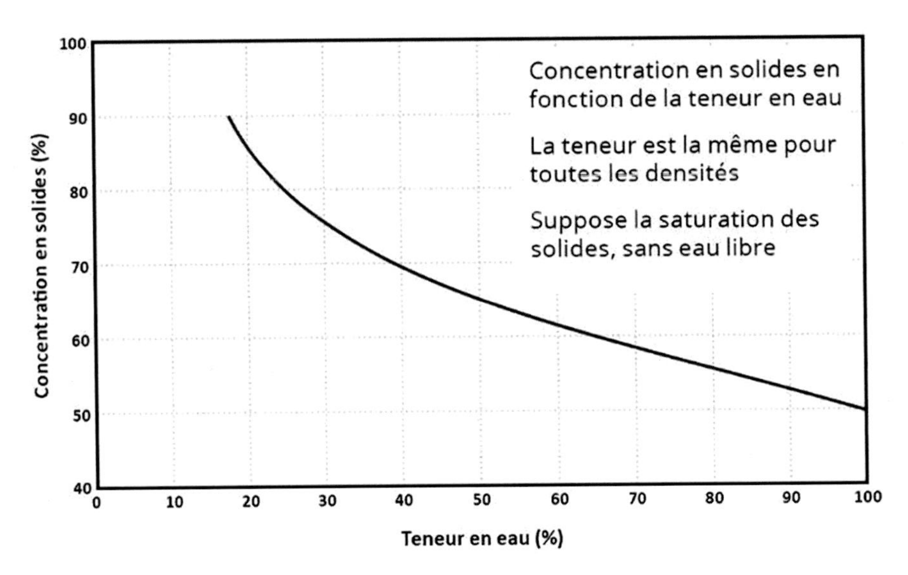

Figure 2.6
Concentration en solides (%) en fonction de la teneur en eau (%) pour des stériles saturés

2.3.3.1. Essais de sédimentation

Dans le cas des stériles déposés hydrauliquement, la sédimentation commence avec la sédimentation des particules solides qui entrent en contact point-à-point sous des contraintes très faibles. La libération initiale d'eau sous l'effet de cette sédimentation constitue la plus grande partie de l'eau récupérable formée dans une IGR. La consolidation des stériles et la libération d'eau continuent ensuite lentement suivant les principes de la mécanique des sols classique en contraintes effectives. Durant cette sédimentation initiale, les solides contenus dans les stériles se déposent et une interface nette apparaît entre le sommet de la masse déposée et le liquide surnageant. Ce processus peut être simulé en laboratoire lors de tests de sédimentation. Ces tests peuvent être réalisés à l'intérieur de béchers en verre de deux litres, faisant approximativement 12,5 cm de diamètre et 16 cm de haut pour minimiser les effets de frottement sur les parois. Elder (1985) a observé que la vitesse de sédimentation ne dépendait pas du diamètre de la colonne lorsque celui-ci était supérieur à 10 cm. Il faut par conséquent faire attention si l'on utilise le cylindre d'un hydromètre et étalonner celui-ci avec le plus grand des cylindres disponibles. Les tests de sédimentation sont généralement effectués sur une période allant jusqu'à cinq jours et, selon la teneur en argile des stériles, de l'eau claire peut apparaître dans les premières heures (ou ne jamais apparaître). Il est également important de réaliser ces tests avec de l'eau de procédé plutôt qu'avec de l'eau désionisée ou de l'eau du robinet, en particulier à cause des différences importantes de pH ou de salinité.

Le test de sédimentation dépend de la concentration en solides de la boue de stériles et en général, une concentration en solides initiale élevée engendre une densité légèrement plus élevée après sédimentation. La Figure 2.7 montre les résultats indicatifs d'essais de sédimentation pour les différents types de stériles mentionnés dans le Tableau 2.2. Un indice des vides indicatif est indiqué pour comparaison.

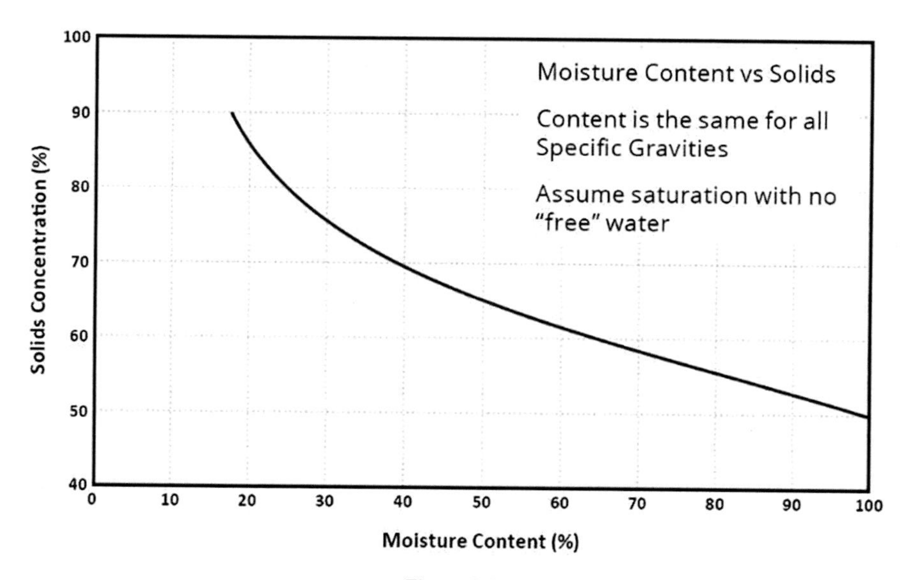

Figure 2.6
Solids concentration (%) versus moisture content (%) for saturated tailings

2.3.3.1. Settling test

For hydraulically deposited tailings, initial sedimentation occurs as the solid particles settle and form point-to-point contact under very low stresses. The initial water release associated with the sedimentation forms most of the reclaimable water in a TSF. Subsequent tailings consolidation and water release continue thereafter at a slow rate under the principles of conventional, effective stress soil mechanics. During this initial sedimentation, the tailings solids settle and typically leave a clear interface between the top of the settling mass and the supernatant liquid. This process can be simulated in the laboratory with "jar settling tests". This test can utilize a two-litre glass beaker approximately 12.5 cm in diameter and 16 cm in height, to minimize effects of side wall friction. Elder (1985) observed that the settlement rate was not influenced by a column diameter of 10 cm or larger. Consequently, the standard use of a hydrometer cylinder for settling tests should be carefully considered and, if used, should be calibrated with the larger beaker. The settling tests are typically run for up to five days and, depending on the % clay present, clear water may develop within hours (or in some cases it will not develop). It is also important to undertake the tests using process water rather than deionised or tap water, particularly in relation to significant differences in pH or salinity.

The settling test is influenced by the solids concentration of the tailings slurry and, in general, a higher initial solids concentration results in a slightly higher settled density. Figure 2.7 shows indicative results of settling tests for the various tailings types listed in Table 2.2. An indicative void ratio is provided for comparison.

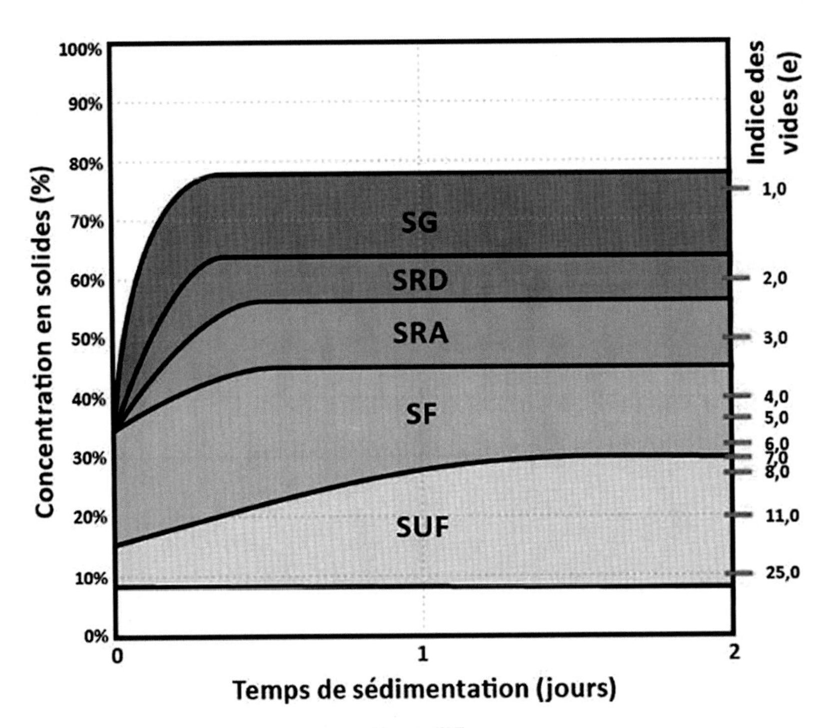

Figure 2.7
Densité initiale des sédiments (concentration en solides) en fonction du temps de décantation pour différents types de stériles (les indices de vide typiques pour une densité des particules solides de 2,75 sont inclus pour référence

Essais de sédimentation pour la détermination de la densité limite de non-ségrégation des résidus

L'interface de ségrégation/non ségrégation est la surface en dessous de laquelle les particules grossières se déposent en traversant l'eau remplie de fines, tandis qu'au-dessus, aucune ségrégation significative n'a lieu. Les essais de sédimentation peuvent être utilisés pour déterminer la concentration en solides au-delà de laquelle les stériles deviennent non ségrégable. Un mélange non ségrégable (stable) peut être défini comme une boue dans laquelle au moins 90 % des fines sont retenues à l'intérieur des stériles sédimentés. Un mélange ségrégable est un dépôt à l'intérieur duquel moins de 50 % des fines sont retenues, tandis qu'un mélange partiellement ségrégable est un dépôt dans lequel le taux de rétention des fines se situe entre 50 % et 90 %.

La concentration en solides à partir de laquelle les stériles deviennent non ségrégables peut être déterminée en effectuant des essais de sédimentation pour une gamme de concentrations en solides et en examinant à chaque fois si une ségrégation s'opère entre le fond et le sommet de l'échantillon.

Essais de sédimentation pour confirmer les caractéristiques des stériles et leur capacité de consolidation sur le terrain

Les essais de sédimentation peuvent être utilisés comme étalonnage et pour confirmer le type de stériles auxquels on a affaire, comme le montrent les figures 2.6 et 2.7. Une fois le type de stériles déterminé, on peut ensuite se référer aux autres graphes de ce chapitre pour déterminer les valeurs indicatives des paramètres de consolidation et de conductivité hydraulique. Les essais de sédimentation, qui peuvent être effectués rapidement et à peu de frais, donnent une bonne idée de la variabilité spatiale (zones de déposition) et temporelle des stériles.

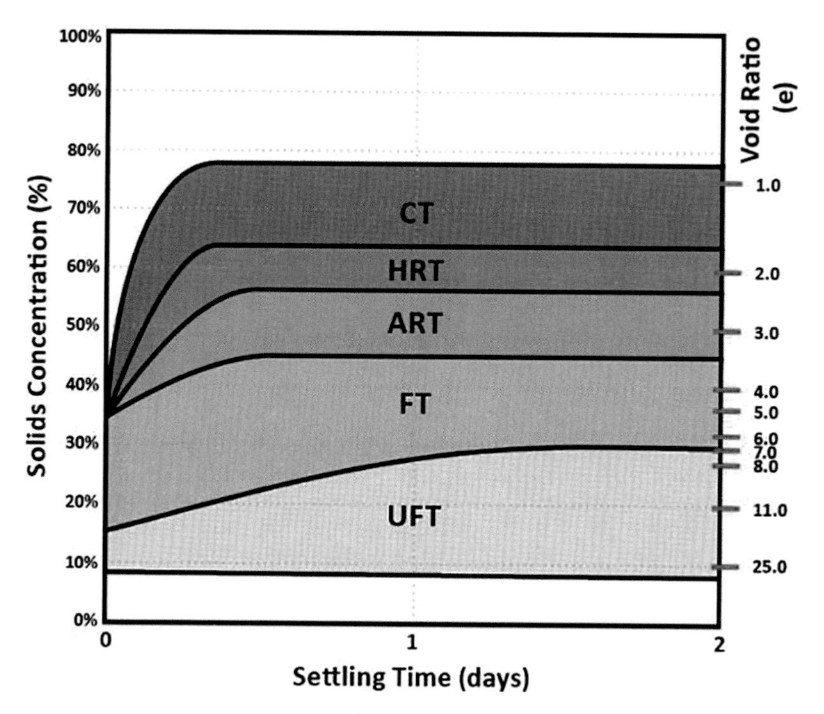

Figure 2.7
Typical initial settled densities (solids concentration) versus settling time for tailings types (typical void ratios for specific gravity of 2.75 are included for reference)

Settling Tests to Determine Non-Segregating Tailings Density

A segregating/non-segregating boundary is the surface below which the coarse particles settle through the fines-water slurry (segregate), while above it no appreciable segregation takes place. Settling tests can be used to assess the solids concentration at which the tailings become non-segregating. A non-segregating mix can be defined as a slurry in which at least 90% of the fines are retained within the settled tailings. A segregating mix is a deposit in which less than 50% of the fines are retained, whereas partially segregating mixes are those in which the fines retention is between 50% and 90%.

The non-segregating solids concentration can be determined by carrying out settling tests at a range of solids concentration and examining each test to determine if segregation is occurring between the bottom and top of the sample.

Settling tests to confirm tailings and consolidation parameters in the field

Settling tests can be used to calibrate and provide confirmation of the tailings type, as shown on Figure 2.6 and Figure 2.7. The tailings type can then be used in the other charts in this section to determine indicative values of consolidation and hydraulic conductivity parameters. Settling tests can be carried out quickly and inexpensively, hence providing a good idea of the spatial (deposition areas) and temporal variability of the tailings.

Application des essais de sédimentation au bilan hydrique et à la gestion de l'eau

Les essais de sédimentation peuvent être utilisés pour mieux connaître le bilan hydrique d'une IGR. La densité initiale des solides après décantation permet par exemple de calculer le volume minimal d'eau qui se retrouvera dans le bassin de décantation, sachant qu'un volume supplémentaire d'eau sera rejeté lors de la consolidation ou perdu lors de la dessiccation si la surface est exposée à l'air.

Les résultats des essais de sédimentation – la vitesse de sédimentation des stériles – aident à choisir la surface à réserver pour un bassin de décantation qui permettra de clarifier correctement l'eau avant son renvoi vers les installations de traitement. L'utilité de ces calculs pour décider de la surface du bassin et donc de la vitesse de recyclage dépend également de la fraction argileuse et de la tolérance du procédé à la présence de fines ou de résidus potentiellement réactifs.

2.3.3.2. Essais de sédimentation drainée

Les essais de sédimentation drainée visent à simuler l'effet de drains placés sous ou à l'intérieur des stériles déposés. Ces essais sont effectués en laboratoire à l'aide d'un tube en verre cylindrique – de dimensions semblables à celles du tube utilisé pour le test de sédimentation – équipé en son fond d'un système de drainage (comprenant une couche de billes en verre couverte d'un disque poreux et d'un filtre circulaire constitué d'un géotextile [ou d'un filtre en papier] au fond), et d'une sortie d'évacuation.

Un échantillon de boue est introduit avec précaution dans le cylindre, en s'assurant que le système de drainage reste intact et n'est pas perturbé. Le cylindre, son tube d'évacuation et son contenu solide sont alors pesés et le volume initial de matière contenu dans le cylindre mesuré. Le sommet du tube cylindrique est couvert pour minimiser les pertes par évaporation. On enregistre ensuite à intervalles réguliers le niveau des solides et celui de l'eau ainsi que le volume d'eau évacué. L'échantillon se décante jusqu'à ce qu'une couche d'eau claire surnageante au-dessus des stériles puisse être soutirée et mesurée. Lorsque l'écoulement d'eau par le fond cesse et que les solides ont fini de se déposer, l'appareillage au complet est à nouveau soumis à une pesée. La perte totale de poids à la fin de l'essai peut être assimilée à une simulation de la perte potentielle d'eau due au drainage vers le fond du dépôt et à la récupération initiale d'eau à la surface du bassin.

Un drainage vers le bas nul ou faible peut refléter le cas d'une mise en dépôt sur une plage active contenant en profondeur des stériles complètement saturés. Un drainage vers le bas non restreint peut refléter une situation dans laquelle les stériles sous-jacents ont eu le temps de sécher et de se désaturer (par exemple, dans le cas d'une plage de stériles caractérisée par une faible vitesse de rehaussement), si bien que l'eau des stériles pénètre vers le bas et remplit les espaces vides au lieu de remonter en surface. La difficulté de tels essais réside dans l'interprétation des conditions réelles, qui se situent souvent entre ces deux extrêmes. L'interprétation de ces tests doit être faite avec précaution, sachant que le drainage par le bas observé sur une plage réelle dépend étroitement du degré de séchage (dessiccation) de la couche sous-jacente et, dans le cas des stériles submergés, de la configuration du système de drainage, en particulier de la disposition des couches de stériles en place.

2.3.3.3. Essais de séchage à l'air

Les essais de sédimentation peuvent être prolongés pour évaluer l'effet du séchage (de la dessiccation) à l'air des stériles déposés et la vitesse de désaturation à l'intérieur d'une plage de stériles. De tels essais sont particulièrement utiles pour la gestion des stériles dans un environnement aride. Il n'existe pas de normes gouvernant ce type d'essais et par conséquent, les essais en laboratoire doivent être conçus pour simuler les conditions réelles les plus probables.

Settling tests with application to water balance and water management

The settling test can be used to understand the water balance of the TSF in more detail. For example, the initial settled density of the solids provides the minimum volume of water that will report to the decant pond, recognizing that additional water will be released through consolidation and lost through desiccation if the surface is exposed.

Results from the settling test, i.e., the settling velocity of the tailings, provides guidance for sizing the pond area, required for effective clarification of water for reclaim to the process plant. The degree to which this calculation can be used to manage pond size, and thus recycle rates, is also a function of clay fraction and the tolerance of the process to fines or potentially reagent residues.

2.3.3.2. Drained Settling Tests

Drained settling tests are intended to simulate the effect of drains under, or within, the deposited tailings. The test is carried out in the laboratory using a cylindrical glass tube - similar in dimension to that used in the standard jar test - with a drainage system at the bottom (comprising a layer of glass beads covered by a porous disc and a circular filter of geofabric (or filter paper) at the bottom), and an outlet or bleed pipe.

A sample of the slurry is carefully introduced into the cylinder, ensuring that the basal drainage system remains intact and is undisturbed. The cylinder, bleed pipe, and solids contents are weighed and the initial volume in the cylinder measured. The top of the cylinder tube is covered to minimize evaporation loss. At regular intervals, the solids level, water level, and volume of drained water is recorded. The sample settles until clear supernatant water on top of the settled tailings can be decanted and measured. When underdrainage ceases and solids settlement has substantially stopped, the complete apparatus is re-weighed. The total observed weight loss at the end of the test may simulate potential water loss to downward drainage and initial water recovery from surface drainage.

No- or little- downward drainage could reflect the case where deposition was onto an active beach with fully saturated underlying tailings. Unrestricted downward drainage could reflect the situation where the underlying tailings had time to dry and de-saturate (e.g., a tailings beach with a low rate of rise), such that some of the water released from the tailings drains downward and fills void space rather than bleeding to the surface. The challenge with this test comes in the interpretation of actual conditions, which lie between these extremes. Care should be taken in interpreting these tests, as the underdrainage achieved on a beach in the field is highly dependent on the degree of drying/desiccation of the underlying layer and in sub-aqueous tailings in the configuration of the drainage system, particularly the lamination/cross bedding of the deposited tailings.

2.3.3.3. Air Drying Tests

Settling tests can be extended to assess the effect of air drying/desiccation on the deposited tailings and to understand the rate of desaturation in a beach deposit. These tests are particularly useful for tailings in arid environments. There are no standards for this test work and, consequently, the laboratory tests should be designed to simulate what may happen in the field.

- L'échantillon de stériles, présentant une concentration en solides représentative, peut être placé dans un cylindre en verre et séché dans des conditions naturelles ou sous un système de lampes permettant de simuler le taux d'évaporation naturel. Des ouvertures peuvent être aménagées sur les parois du cylindre pour recueillir des échantillons à diverses profondeurs et suivre l'évolution de la teneur en eau et de la densité en fonction du temps.

- Une autre méthode consiste à déposer une fine couche de stériles présentant une concentration en solides représentative dans une série de contenants ouverts et, après décantation, à recueillir avec soin l'eau surnageante pour exposer la surface à un séchage contrôlé à l'air. On effectue généralement plusieurs essais en parallèle dans des conditions identiques pour permettre de prélever les échantillons et faire les essais sans détruire le matériau principal des essais. La densité et la teneur en eau sont enregistrées à de fréquents intervalles et les étapes clés de la dessiccation sont observées pour obtenir la densité minimale, la limite de ressuage et la limite de fracturation. Les valeurs critiques ainsi obtenues permettent de déterminer les temps de ressuage et d'obtention d'une saturation à 85 % et donc de décider de la fréquence des dépôts, en particulier pour les stériles fins déposés en milieu aride.

Divers modèles numériques ont été mis au point pour prévoir le comportement des stériles en fonction de ces résultats. Il est cependant de première importance de mettre en place des programmes parallèles d'échantillonnage et d'essais durant la mise en dépôt afin d'affiner les hypothèses faites au moment de la conception et d'optimiser les plans de mise en dépôt pour maximiser la consolidation et le drainage.

2.3.3.4. Consolidation

La consolidation est un processus au cours duquel le volume occupé par le matériau diminue sous l'effet de son propre poids ou d'une contrainte externe. Durant la consolidation, le matériau se densifie sous l'effet d'une contrainte croissante en dissipant la pression interstitielle en excès. La frontière entre la sédimentation et la consolidation n'est pas clairement définie. Elle dépend de la profondeur et de l'indice des vides initial. En pratique, la fin de la sédimentation, lorsqu'il n'existe plus de contrainte effective, peut être considérée comme le début de la consolidation. Il faut également tenir compte de la consolidation secondaire et du fluage des matériaux à grain fin.

Un des problèmes les plus fréquemment rencontrés lors des essais œdométriques sur les stériles est que ce type d'essai ne peut pas être effectué sur des boues. Les essais sur boues soumises à de faibles contraintes nécessitent des équipements spéciaux, tels que des essais de consolidation sous contrainte élevée ou des essais de consolidation de boues. Il est recommandé d'effectuer des séries d'essais œdométriques parallèles sur des échantillons de stériles reconstitués pour simuler plusieurs phases de contraintes successives et être en mesure de caractériser les contraintes effectives et les propriétés de consolidation associées. Il est important que l'ingénieur comprenne les limites de ces essais et que les résultats obtenus, même s'ils sont de bons indicateurs de l'historique d'un dépôt de stérile en matière de contraintes et de consolidation, nécessitent d'être interprétés prudemment compte tenu de l'importante hétérogénéité qui caractérise souvent les dépôts de stériles.

Les essais effectués sous faible contrainte permettent d'évaluer la vitesse d'expulsion de l'eau durant la phase de sédimentation sur la plage et la libération active d'eau durant la consolidation. Ces aspects sont importants, en particulier dans les environnements arides, pour l'évaluation des pertes par évaporation.

La Figure 2.8 illustre la relation entre l'indice des vides et la contrainte effective pour divers types de stériles, tandis que la Figure 2.9 montre la relation entre le coefficient de consolidation (C_v) et la contrainte effective.

- The tailings sample at a representative solids concentration can be placed in a glass cylinder and dried under natural conditions or, alternatively, dried under heat lamps to develop an evaporation rate that would simulate field conditions. Ports can be placed in the side of the cylinder to collect samples at various depth and to determine the moisture content and density with time.

- Another method involves depositing a thin layer of tailings at a representative solids concentration in a series of open pans/containers and, after settling, carefully decanting surface water to expose the surface to controlled airdrying. It is normal practice to run a series of tests in parallel under the same conditions to enable sampling and testing without destroying the principal test material. Density and moisture content are logged at frequent intervals, and the key stages of drying monitored to achieve the tailings properties at the minimum density, bleed point and tailings crack points. The resulting data provide the critical points for determining bleed time and achievement of 85% saturation and are thus helpful in designing deposition cycle times for disposal, particularly for finer deposits in arid environments.

Various numerical models have been developed to predict the tailings behavior using such results. However, of primary importance is the need to establish parallel sampling and testing programs during deposition, to refine the design assumptions and optimize deposition plans to maximise consolidation and drainage.

2.3.3.4. Consolidation

Consolidation is a process by which soils decrease in volume due to self-weight, or under applied stresses. During this process, soils densify under increasing effective stress through the dissipation of excess pore pressure. The boundary between settling and consolidation is not uniquely defined, will be transitional with depth, and is dependent on the initial void ratio. For practical purposes, the end of settling, at effectively zero effective stress, can be considered as the onset of consolidation. Consideration should also be given for secondary consolidation/creep behaviour for fine grained soils.

One of the most common problems encountered in oedometer tests on tailings is that the test cannot be applied to a slurry. Testing from a slurry state from low stresses requires specialized equipment, such as a large strain consolidation test or a slurry consolidation test. Undertaking parallel oedometer testing on tailings samples - using reconstituted samples to replicate successive stress stages - is recommended, to characterize the effective stress/consolidation properties. It is important that the engineer understands the limitations of these tests and that the data produced, though a good indicator of the stress /consolidation history of a tailings deposit, requires experienced interpretation of the results due to the significant heterogeneity that is exhibited in tailings deposits.

Testing at low stresses provides a basis for understanding the rate of water release during settling on the beach and the active consolidation water release. These are important considerations, especially in arid environments, for assessing evaporation losses.

Figure 2.8 shows the relationship between the void ratio and effective stress for the various tailings types, and Figure 2.9 shows the relationship between the coefficient of consolidation (C_v) versus effective stress.

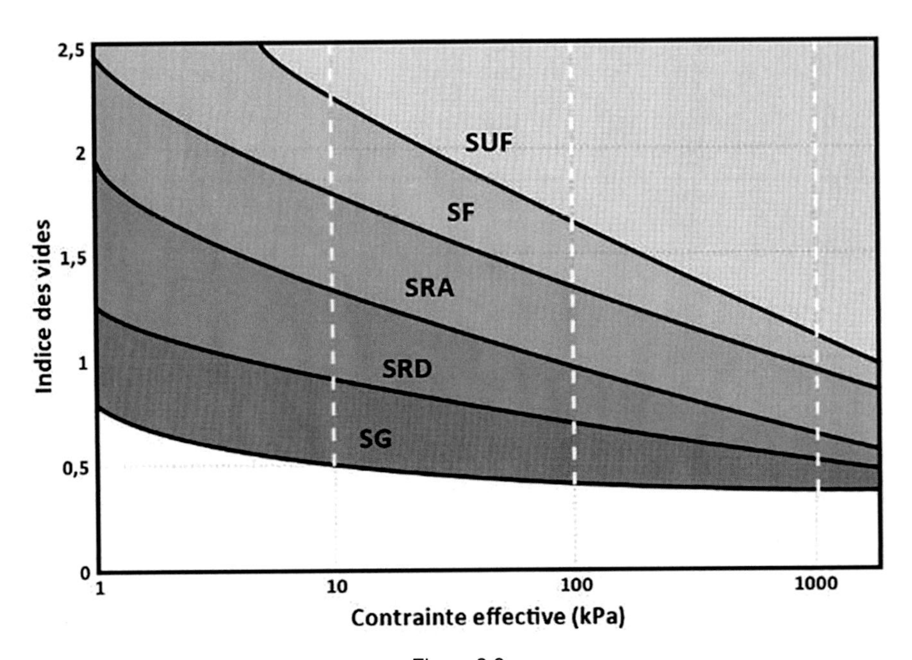

Figure 2.8
Variation de l'indice des vides en fonction de la contrainte effective pour différents types de stériles

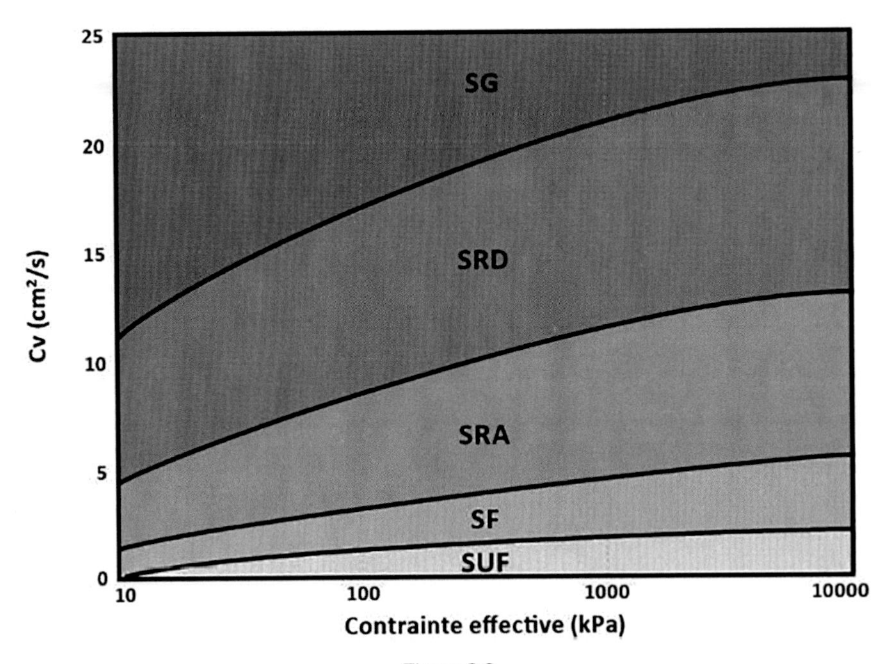

Figure 2.9
Variation du coefficient de consolidation (C_v) en fonction de la contrainte verticale effective pour différents types de stériles

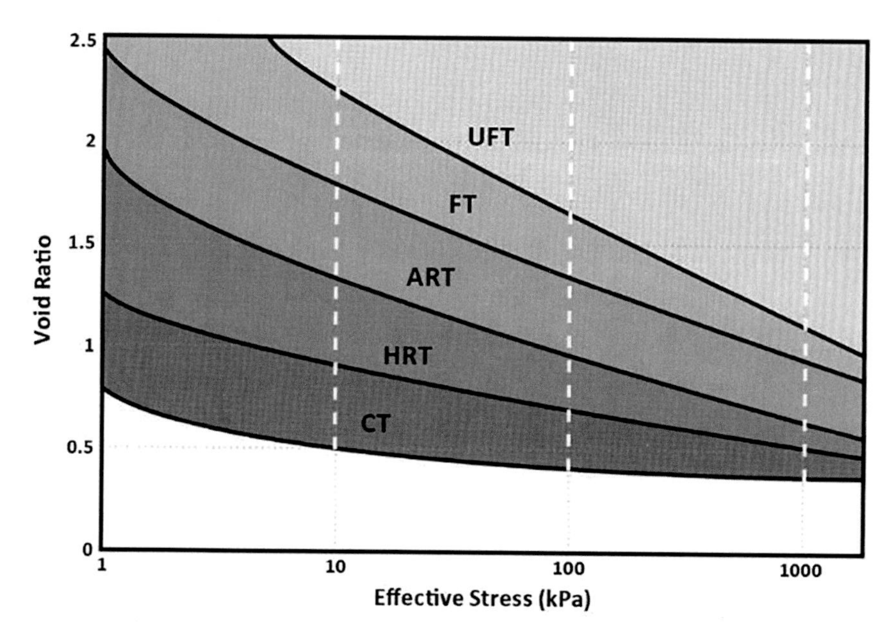

Figure 2.8
Void Ratio versus effective stress for tailings types

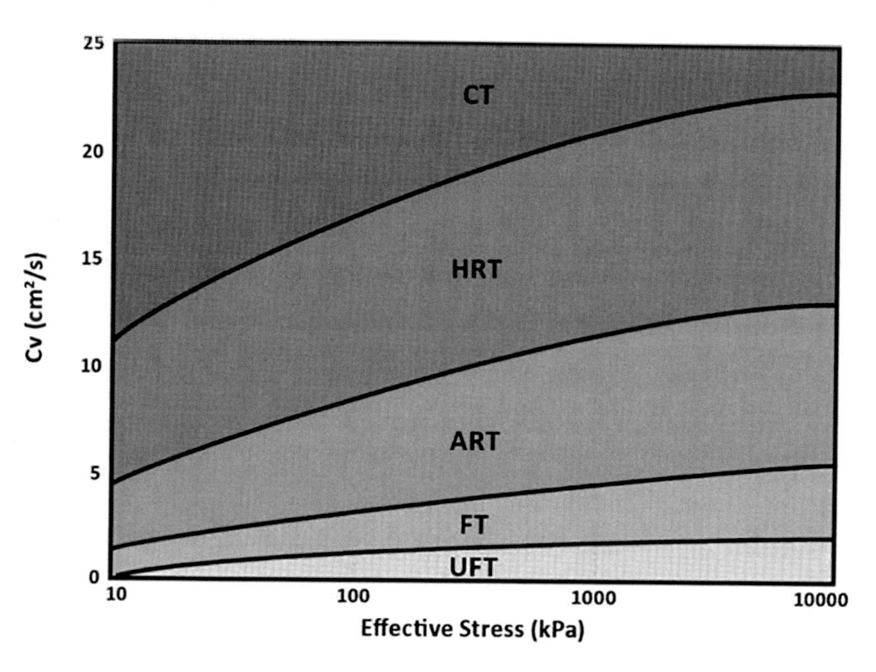

Figure 2.9
Coefficient of consolidation (C_v) versus effective vertical stress for tailings types

2.3.4. Densité

La densité sèche des stériles peut être déterminée en laboratoire grâce à des essais de sédimentation, de consolidation et de dessiccation. La densité des stériles déposés peut également être évaluée à partir de la Figure 2.7, qui montre la variation de l'indice des vides typique en fonction de la contrainte effective, par corrélation avec les graphes des Figures 2.4 et 2.5, qui montrent les relations entre densité sèche, indice des vides et concentration en solides pour différentes densités. Ces corrélations doivent être utilisées pour les études préliminaires et être soutenues par un programme adéquat d'essais en laboratoire et de vérifications sur le terrain.

2.3.5. Conductivité hydraulique

Les essais de conductivité hydraulique des stériles peuvent être effectués en laboratoire à l'aide : (1) d'un perméamètre classique ou d'un perméamètre à parois souples; et/ou (2) de l'interprétation d'essais de consolidation ou d'essais triaxiaux. La conductivité hydraulique du dépôt de stériles ne dépend pas seulement de la distribution granulométrique et de la densité, mais aussi de la structure formée tout au long de la mise en dépôt. Comme cette structure est généralement difficile à reproduire en laboratoire, il faut rester prudent lors de l'interprétation des résultats des essais de conductivité hydraulique en laboratoire. Les facteurs importants suivants doivent être pris en considération :

- La ségrégation éventuelle des stériles lors de leur dépôt affectera la variation spatiale de la conductivité hydraulique. Cette complication peut nécessiter des essais sur la gamme de stériles ségrégés qui peut être obtenue à partir des essais de sédimentation décrits dans la section 2.3.3.2.

- La conductivité hydraulique varie avec le type de stériles et la contrainte effective, comme l'illustre la Figure 2.10.

- La conductivité hydraulique varie également avec la teneur en fines des stériles (% ayant un diam. < 63-75 μm). La Figure 2.11 montre la variation typique de la teneur en fines en fonction de la conductivité hydraulique pour divers types de stériles. Il est nécessaire de rester prudent lorsque l'on utilise le pourcentage en fines, car c'est la fraction argileuse qui détermine principalement la conductivité hydraulique des stériles. Cette figure ne doit donc être utilisée qu'à titre indicatif.

- Finalement, le dépôt hydraulique des stériles, même s'il se fait sous l'eau, aboutit à une stratification avec formation possible de composantes horizontales et entrecroisées. Ce scénario est associé à une forte anisotropie et à des rapports k_h/k_{vtsf} élevés, typiquement de l'ordre de 10, mais qui peuvent dépasser 20. Ce paramètre, important pour la conception du barrage, est difficile à déterminer à partir des échantillons reconstitués et il est préférable d'en faire une estimation à partir des études faites sur les performances passées d'autres barrages de stériles. Une estimation de la valeur de k_h/k_v peut être déduite des essais de dissipation in situ et des essais CPT avec mesure des pressions interstitielles (CPTu).

2.3.4. *Density*

The dry density of tailings can be determined in the laboratory from settling, consolidation, and desiccation tests. The density of deposited tailings can also be interpreted from Figure 2.7, which shows typical void ratio versus effective stress, through correlation with the graphs shown on Figure 2.4 and Figure 2.5, which show the relationships between dry density, void ratio and solids concentration for different specific gravities. These correlations should be used for preliminary studies and supported by a properly prepared program of laboratory testing and field verification.

2.3.5. *Hydraulic Conductivity*

Hydraulic conductivity (often simply called hydraulic conductivity) testing of tailings can be carried out in the laboratory using: (1) permeameter or flexible wall permeameter; and/or (2) consolidation or triaxial test interpretations. However, the hydraulic conductivity of the tailings deposit is a function not only of the particle size distribution and density, but also of the structure developed during deposition. As this structure is generally difficult to replicate in the laboratory, caution is required when interpreting laboratory hydraulic conductivity results. The following important factors should be considered:

- The potential segregation of tailings as they are deposited will affect the spatial variation in hydraulic conductivity. This may require testing of the range of segregated tailings that could be derived from the jar settling tests described in Section 2.3.3.1.

- The hydraulic conductivity will vary with the tailings type and the effective stress, as shown on Figure 2.10.

- The hydraulic conductivity also varies with the fines content (%<63 μm to 75 μm) of the tailings. A typical plot of fines content versus effective stress for the various tailings types is shown on Figure 2.11. Care must be exercised in using the percent fines, as the clay fraction will dominate the hydraulic conductivity of the tailings. Thus, this figure provides only general guidance.

- Finally, the hydraulic disposal of tailings, even sub-aqueously, will result in a laminated deposit with the potential for the development of both horizontal and cross-bedded components. This leads to a high degree of anisotropy with enhanced k_h/k_{vtsf} ratios, which are typically on the order of 10 but may exceed 20. This important design parameter is difficult to determine from reconstituted samples and is best estimated from case histories of tailings dam performance. Indications of k_h/k_v can be interpreted from in situ dissipation tests in conjunction with CPT with pore pressure measurement (CPTu).

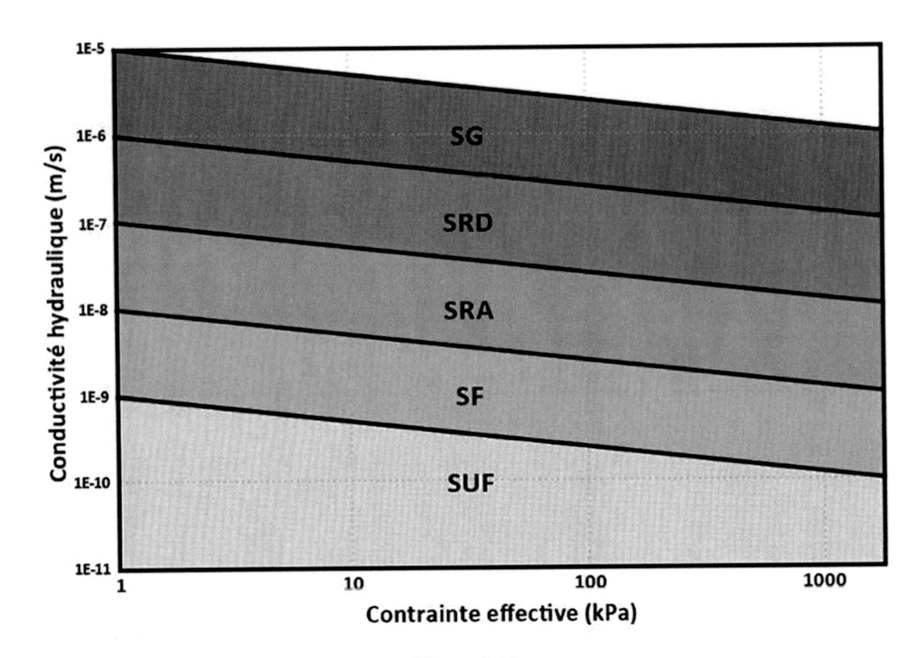

Figure 2.10
Variation de la conductivité hydraulique en fonction de la contrainte verticale effective pour différents types de stériles

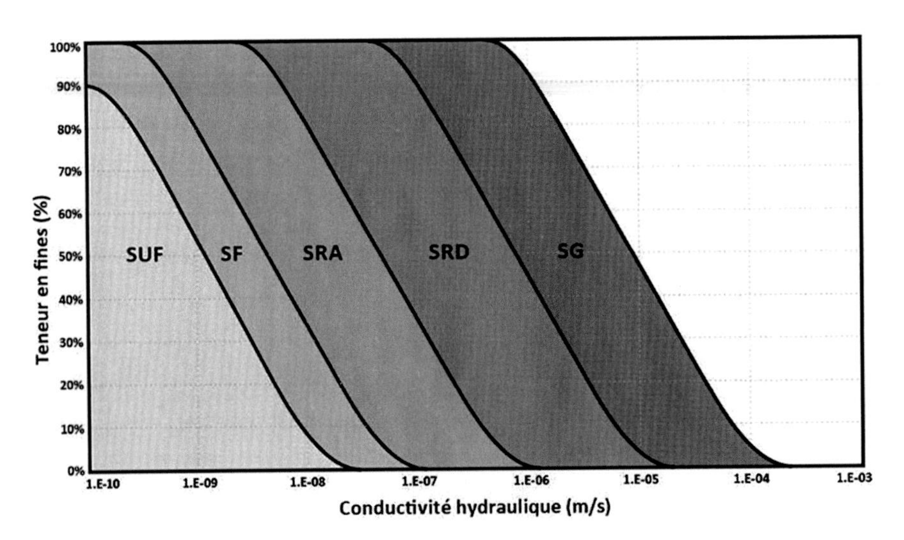

Figure 2.11
Variation de la teneur en fines en fonction de la conductivité hydraulique pour différents types de stériles

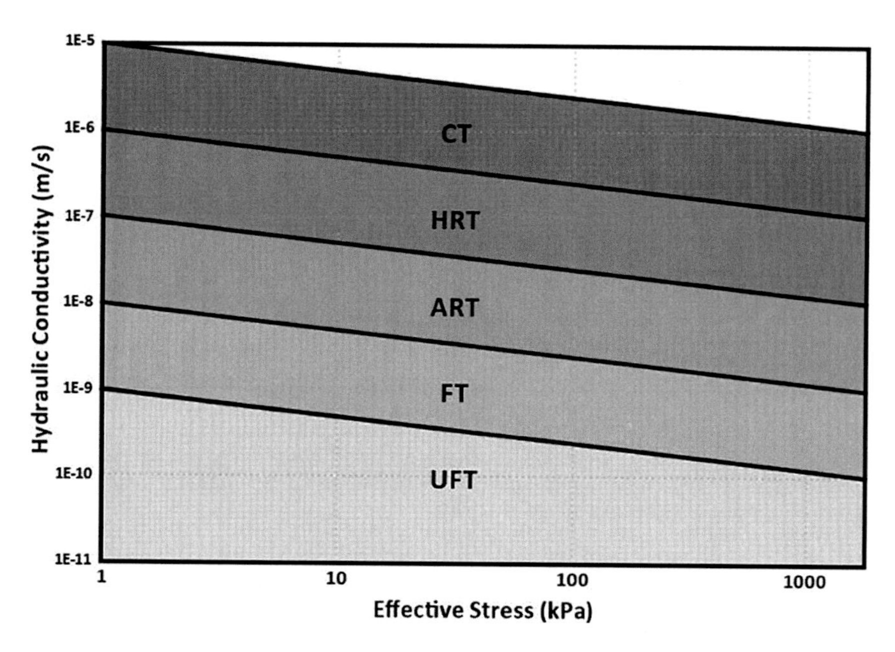

Figure 2.10
Hydraulic conductivity versus effective vertical stress for tailings types

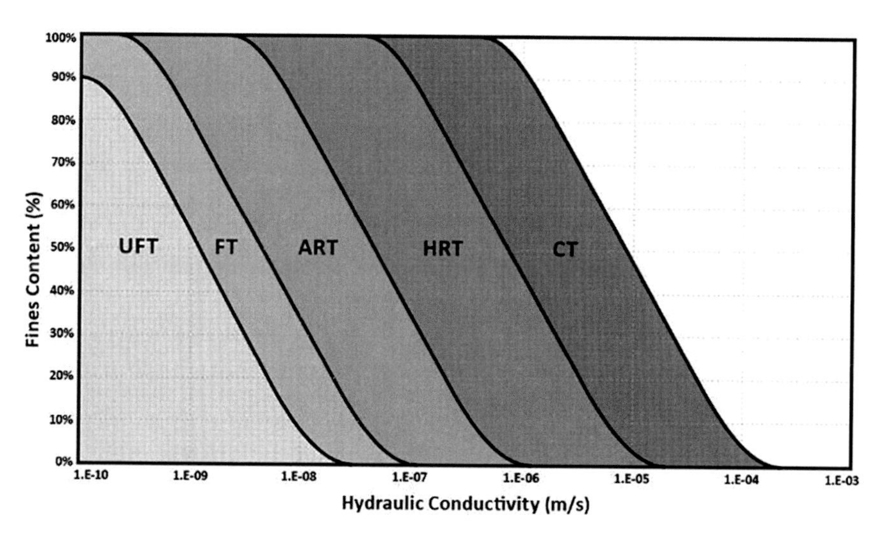

Figure 2.11
Fines content versus hydraulic conductivity for tailings types

2.3.6. *Résistance*

La résistance au cisaillement est la contrainte de cisaillement maximale que les stériles peuvent supporter sous une contrainte normale et pour une teneur en eau et une densité typique. C'est un paramètre fondamental pour la stabilité structurelle des dépôts de stériles. Comme c'est le cas pour tous les essais géotechniques effectués sur les stériles, la représentativité de l'échantillon et la méthode utilisée pour les essais sont cruciales pour l'estimation des paramètres géotechniques. L'état de l'échantillon et la méthode utilisée sont donc des facteurs clés pour la qualité des essais en laboratoire.

Essais triaxiaux

Lors de la détermination en laboratoire de la résistance au cisaillement à l'aide d'un appareil triaxial, l'application d'une contrainte excédant le maximum se traduit soit par une perte de résistance et l'effondrement de l'échantillon, soit par l'accumulation d'une déformation plastiques élevées. La résistance au cisaillement des stériles dépend de leur état drainé ou non drainé dans lequel se déroule le cisaillement ainsi que de leur capacité à encaisser certains niveaux de contrainte et de déformation. Lorsque l'on considère la résistance au cisaillement, il est donc important de distinguer la résistance drainée de la résistance non drainée :

- La résistance drainée est associée à une vitesse de cisaillement suffisamment faible pour permettre la dissipation complète des pressions d'eau interstitielles. Le cisaillement s'effectue à pression interstitielle et contrainte effective constantes et s'accompagne d'une augmentation ou d'une diminution du volume, selon la densité et la contrainte de confinement initiales.

- La résistance non drainée correspond à la situation où le cisaillement est trop rapide pour qu'un quelconque drainage puisse s'effectuer simultanément. Dans ce cas, il ne peut y avoir changement de volume et le cisaillement s'accompagne d'une augmentation de la pression interstitielle et de la modification correspondante de la contrainte effective.

En laboratoire, la résistance drainée au cisaillement d'un matériau est habituellement obtenue en effectuant des essais triaxiaux consolidés drainés (CD) ou consolidés non drainés (CU) accompagnés de mesures de la pression interstitielle permettant de construire un graphe des résultats en contraintes effectives. Les essais consolidés non drainés peuvent aussi être effectués pour obtenir le rapport entre la résistance non drainée au cisaillement, s_u, à la contrainte verticale effective, σ_v'. Quoi qu'il en soit, il est très important de bien choisir l'échantillon pour les essais et d'évaluer correctement ses caractéristiques représentatives (granulométrie et densité) en fonction de son emplacement dans l'IGR. Pour résumer :

- Les essais rapides non drainés (QU) comprennent les essais de compression simple et les essais de compression triaxiale pour lesquels il n'y a pas de drainage durant l'application de la contrainte de confinement ou de la contrainte axiale, et les résistances obtenues correspondent à celles associées à une teneur en eau constante.

- Les essais triaxiaux non drainés (UU) sont comme les essais QU, mais incluent la mesure de la pression interstitielle.

- Lors des essais triaxiaux consolidés non drainés (CU), on laisse d'abord l'échantillon se consolider jusqu'à l'atteinte d'une contrainte effective donnée avant d'appliquer la contrainte dans un état non drainé. La mesure des pressions d'eau interstitielle permet de déterminer les coefficients de résistance drainée et non drainée.

- Les essais triaxiaux cycliques consistent à appliquer une contrainte cyclique pour simuler un séisme et à enregistrer le nombre de cycles nécessaires pour obtenir l'effondrement (liquéfaction) de l'échantillon.

2.3.6. *Strength*

Shear strength corresponds to the maximum shear stress the tailings can resist under normal stress conditions and at the prevailing water content and density - a fundamental parameter in defining the structural stability of the tailings. As with all geotechnical tailings tests, the representativeness of the sample and the testing method are crucial in estimating geotechnical parameters. Therefore, both sample condition and test method are key factors during laboratory testing.

Triaxial testing

During the determination of shear strength in the laboratory using triaxial equipment, loading beyond the maximum stress results either in the loss of strength and collapse of the sample, or in the accumulation of large plastic strains. The shear strength of tailings depends on whether shearing occurs in a drained or undrained state, as well as the ability of the tailings to accommodate levels of strain and deformation. When considering the shear strength, therefore, it is important to differentiate between drained and undrained strength:

- Drained strength is associated with a rate of shearing sufficiently slow to ensure full dissipation of excess pore water pressures. Shearing takes place at constant pore water pressure and effective stress and is accompanied by an increase or decrease in volume, depending on initial density and confining stress.

- Undrained strength, on the other hand, corresponds to the condition where the rate of shearing is high enough to prevent drainage. In this case, there can be no volume change and shearing is accompanied by an increase in pore water pressure and associated change in effective stress.

In the laboratory, the drained shear strength of a material is normally obtained by means of consolidated drained (CD) or consolidated undrained (CU) triaxial tests, with pore water pressure measurements to plot the results in terms of effective stress. Consolidated undrained tests can also be used to obtain the ratio of undrained shear strength, s_u, to effective vertical stress, σ_v'. However, of paramount importance is the selection of the sample for testing and the assessment of its representative characteristics (gradation and density) in relation to its location in the TSF. In summary:

- Quick undrained (QU) tests include the unconfined compression and the triaxial compression test for which there is no drainage during the application of the confining pressure or during axial loading, and the strength obtained corresponds to that associated with no change in water content.

- Undrained (UU) triaxial tests are like the QU test but includes measurements of pore water pressure.

- Consolidated undrained (CU) triaxial tests allow the sample to consolidate to a given effective stress before applying loading in the undrained condition. Measurement of pore water pressures allows determination of both drained and undrained strength parameters.

- Cyclic triaxial tests involve cyclic loading to simulate earthquake loading and derive the number of cycles required for collapse (liquefaction) of the sample.

- Les essais de cisaillement rectiligne statiques et cycliques consistent à appliquer une contrainte de cisaillement plane induite par une poussée horizontale appliquée au bas de l'échantillon. L'essai permet la consolidation et le cisaillement de l'échantillon à volume constant.

- Les essais triaxiaux consolidés et drainés (CD) permettent à l'échantillon de se drainer librement durant les phases de consolidation et de mise en contrainte et sont également utilisés pour mesurer la résistance drainée.

Les essais de cisaillement directs, notamment ceux utilisant la boîte de Casagrande ou les appareils de cisaillement à anneaux, permettent de déterminer la résistance drainée des stériles si la vitesse d'application de la contrainte est suffisamment lente pour permettre le drainage. De plus, l'appareil de cisaillement à anneaux peut être modifié pour mesurer la résistance résiduelle, un paramètre particulièrement important pour évaluer en cas de rupture le comportement des résidus en conditions de liquéfaction statique ou dynamique. Des essais répétés de résistance au cisaillement direct peuvent aussi donner une idée de la résistance résiduelle.

Un essai de cisaillement au scissomètre peut être effectué en laboratoire pour obtenir la résistance non drainée de pic et à l'état remanié des stériles mous.

Lors de l'évaluation de la stabilité d'un barrage de stériles, il est important de s'assurer que des valeurs correctes sont obtenues pour les paramètres de résistance et que ces valeurs sont utilisées pour une analyse appropriée de la résistance drainée et non drainée.

2.3.7. *Épaississement et filtration*

Les essais d'épaississement en laboratoire ou dans une unité pilote d'épaississement dynamique permettent d'obtenir des paramètres qui peuvent être directement extrapolés à l'épaississeur grandeur réelle. Typiquement, l'impact du dosage de floculant et le taux de chargement des solides ((t/h)/m²) sont exprimés en terme de concentration massique obtenues dans l'écoulement inférieur de l'épaississeur et en terme de clarté des eaux du trop-plein; autrement dit, en termes d'efficacité de la séparation. La vitesse de chargement des solides est le nombre de tonnes de stériles qui peuvent être traités à l'heure par m² de section transversale du réservoir de l'épaississeur.

Les fabricants et les sociétés d'ingénierie spécialisés dans les équipements de filtration utilisent habituellement des bases de données sur les performances de filtration qui peuvent fournir des valeurs indicatives à ce sujet. Il n'existe cependant pas de modèle prédictif permettant de prévoir les performances de filtration avec une précision suffisante pour la conception de ces équipements grandeur nature. (Kujawa, 2015). Il est donc nécessaire de faire des essais en laboratoire et des essais pilotes pour déterminer la taille des équipements nécessaires et évaluer leurs performances de filtration.

Les essais de filtration doivent être conçus de manière à permettre la détermination de tous les paramètres nécessaires pour décider de la taille des équipements, quels que soient le fournisseur et la marque choisis. Comme pour l'épaississement, les essais doivent être conçus de telle manière qu'ils permettent de caractériser la gamme complète de conditions opérationnelles au niveau de la filtration grâce à la détermination des principaux paramètres liés à cette opération. Les paramètres à évaluer dépendent de la méthode de filtration et du contexte associé au projet, mais il faut au minimum mesurer la teneur en eau du tourteau de filtration en fonction de son épaisseur et du temps de séchage. Les résultats sont utilisés pour obtenir la teneur en eau désirée pour le tourteau avec la vitesse de filtration ((/h/m²) la plus élevée possible – et un coût d'investissements minimal – pour la méthode de filtration choisie.

Grâce à la caractérisation complète du processus d'assèchement associé à différentes méthodes, des études de sensibilité peut ensuite permettre de déterminer le point de transfert le plus économique entre l'épaississement et la filtration.

La variation de la limite d'élasticité en fonction de la concentration en solides est présentée sur la Figure 2.12 pour les différents types de stériles, avec des limites d'élasticité pour différents degrés d'épaississement.

- Static simple shear and cyclic simple shear tests are plane strain tests, with shear strain induced by horizontal movement at the bottom of the sample relative to the top. The test allows consolidation and shearing of a sample under constant volume conditions.

- Consolidated drained (CD) triaxial tests allow the sample to drain freely during consolidation and loading stages and is also used to measure drained strength.

Direct shear tests, which include the shear box and ring shear test, can determine the drained strength of tailings if the rate of strain is slow enough to permit drainage. Additionally, a modification of the ring shear test equipment may be used to indicate residual strength, a particularly important parameter in determining the dam breach runout behaviour under static or seismic liquefaction. Repeated direct shear tests may also indicate residual strength.

The laboratory vane shear test can be used to obtain the peak and remoulded undrained strength of soft tailings.

When evaluating the stability of the tailings dam, it is important to ensure that the correct strength parameters are obtained and that these are employed in an appropriate drained or undrained strength analysis.

2.3.7. Thickening and Filtration

Thickening test work in a laboratory or pilot-scale dynamic thickener unit produces design parameters that can be directly scaled up to a full-scale thickener. Typically, the impact of flocculant dosage and solids loading rate ((t/h)/m^2) are expressed in terms of achieved thickener underflow solids mass concentration and overflow clarity; in other words, the separation efficiency. The solids loading rate is the hourly tonnage of tailings that can be processed by one m^2 of the cross-section area of the thickener.

Filtration equipment manufacturers and engineering firms commonly have databases of filtration performance information that can provide approximate indications of performance. Predictive models to estimate filtration performance - sufficiently accurate for full scale design - do not exist. (Kujawa, 2015). Laboratory and pilot scale test work are a necessity for equipment sizing and filtration performance evaluation.

Filtration test work should be designed to produce all the necessary design parameters for sizing of the full-scale equipment, regardless of filtration equipment supplier, or brand. As in the case with thickening, the test work should be designed to map out the full operating response window for filtration by investigating the main filtration variables. The parameters tested depend on the method of filtration and the project circumstances but, as a minimum, include measuring the filter cake moisture as a function of cake thickness and drying time. The results are used to achieve the target cake moisture at the highest possible filtration rate ((/h/m^2)—and the lowest capital cost—for the chosen filtration method.

By mapping out the full dewatering response window for different dewatering methods, trade-off studies may determine the most cost-effective dewatering "transfer point" between thickening and filtration.

Typical yield stress versus solids concentration for the tailings types are presented on Figure 2.12, along with indicative yield stresses for different degrees of thickening.

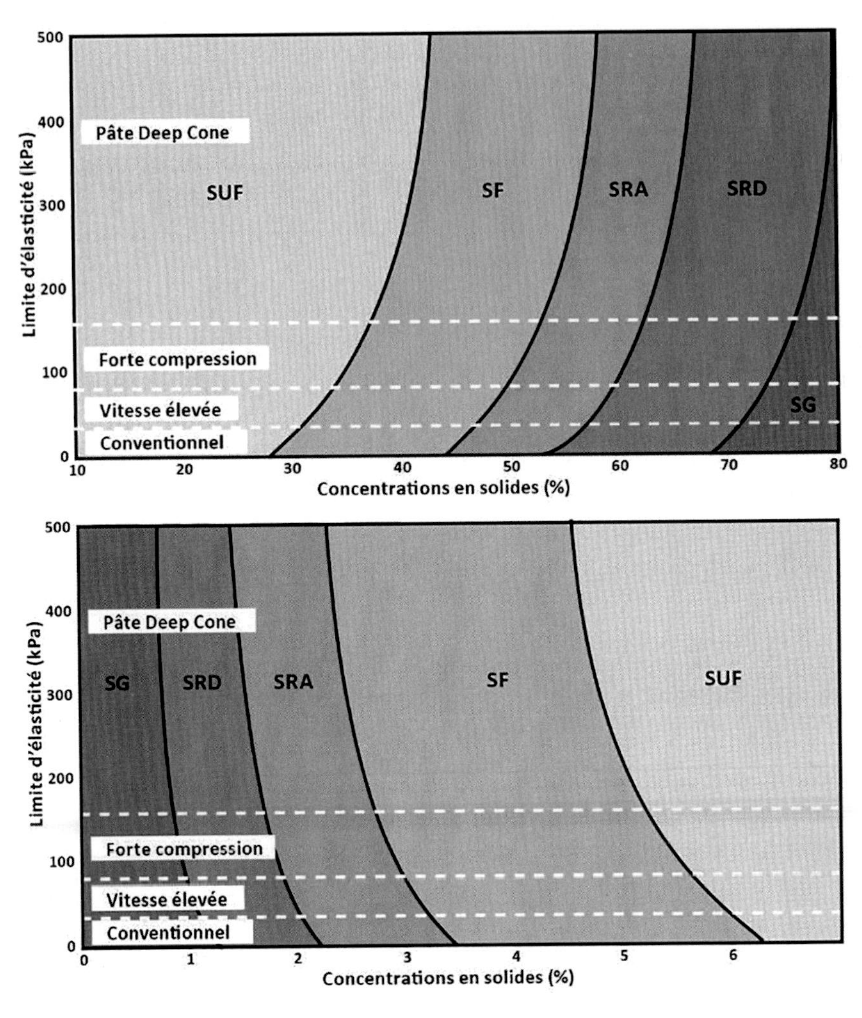

Figure 2.12
Variation de la limite d'élasticité en fonction de la concentration en solides et de l'indice des vides pour différents types de stériles

2.3.8. *Propriétés géochimiques*

2.3.8.1. Introduction

La caractérisation géochimique des stériles est nécessaire pour déterminer les possibilités de lixiviation des métaux et de drainage rocheux acide (LM/DRA) (ou drainage acide et métallifère [DAM]) dans des conditions respectivement neutres et acides. La caractérisation des stériles doit être effectuée de concert avec des analyses de la qualité de l'eau de procédé et ces analyses doivent tenir compte de la possibilité de modifications géochimiques sur le long terme. Les essais géochimiques commencent généralement par des essais statiques, suivis d'essais cinétiques, visant à évaluer la lixiviation des métaux. Comme dans le cas de la caractérisation géotechnique, la sélection des échantillons et leur représentativité sont importantes pour permettre l'extrapolation ultérieure des résultats au gisement du minerai et aux stériles déposés tout au long du cycle de vie de l'installation de stockage.

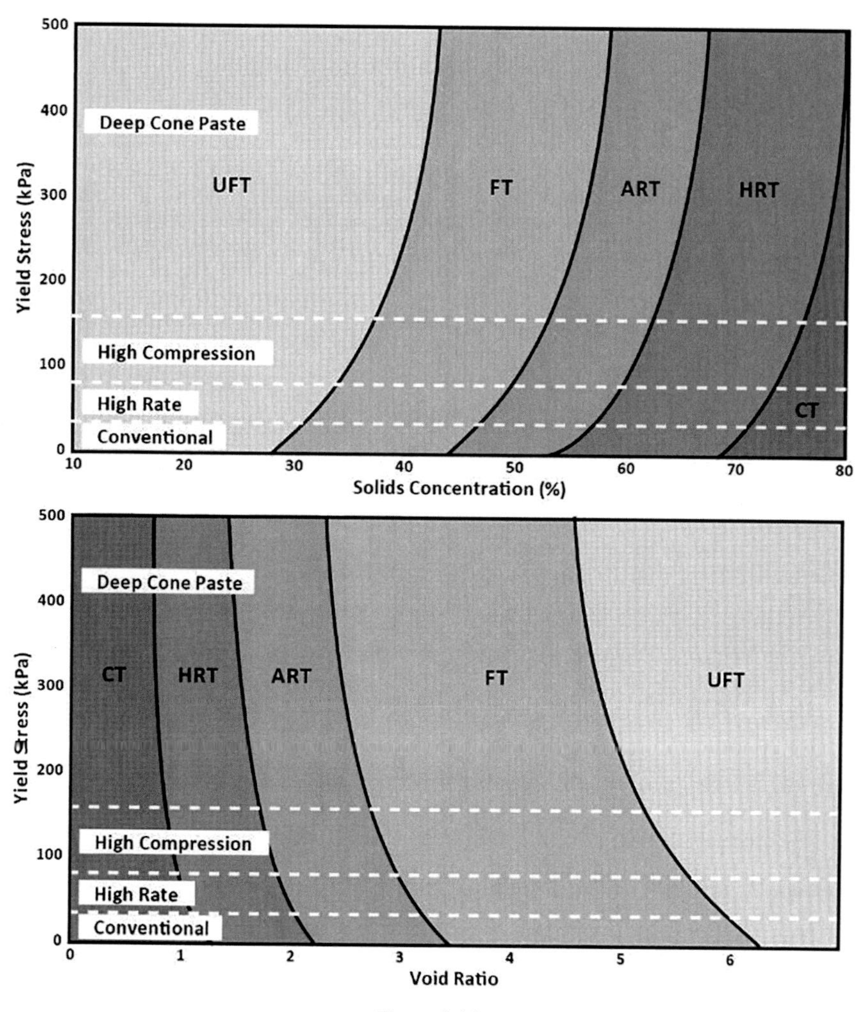

Figure 2.12
Yield stress versus solids concentration and void ratio for tailings types

2.3.8. Geochemical Properties

2.3.8.1. Introduction

Geochemical characterization of tailings is required to determine the potential for metal leaching and acid rock drainage (ML/ARD) (also known as acid and metalliferous drainage (AMD)) under both neutral and acidic conditions, respectively. Tailings characterization should be carried out in conjunction with process water quality testing, and the testing should recognize the potential for longer-term geochemical changes. Geochemical testing typically proceeds with static testing, followed by kinetic testing, to assess metal leaching. As with geotechnical characterization, sample selection and sample representativeness are important to allow extrapolation of the testing to the orebody and the deposited tailings over the life of the TSF.

La caractérisation géochimique des stériles est une étape cruciale de la phase d'obtention des permis pour tout projet de confinement, en particulier dans les environnements bien réglementés. Le drainage rocheux acide (DRA) intervient lorsque des sulfures entrent en contact avec l'oxygène et l'eau en présence de bactéries capables d'oxyder le fer ou le soufre et que les matériaux alcalins sont inefficaces ou en quantité insuffisante pour neutraliser les produits d'oxydation formés, notamment les acides. Le DRA est un phénomène dynamique et général et des conditions acides apparaissent si l'acide généré dépasse les capacités de neutralisation du système à une phase quelconque du cycle d'oxydation des sulfures, aussi bien durant la mise en dépôt qu'après la fermeture du site. Le terme « DRA » est appliqué au lixiviat ou à l'écoulement produit. Il est également employé si le drainage est acide, avec un pH inférieur à 6. Une littérature abondante est consacrée à la caractérisation des stériles et au DRA, et l'on y trouve une quantité importante d'information sur le sujet. Cette documentation peut être consultée à l'aide de la liste de conférences et de sites Web donnée dans la table 2.4 et dans d'autres documents de référence. De nombreuses revues scientifiques publient par ailleurs les résultats des travaux de recherche menés sur le LM/DRA et d'autres sujets connexes.

Tableau 2.4
Organisations et références (Reference European Handbook on Hydraulic Fill 2014)

Description	**Exemples de références**
Programme canadien de neutralisation des eaux de drainage dans l'environnement minier (NEDEM), lancé en 1989. Nombreuses études sur le LM/DRA (DAM).	http://mend-nedem.org/default/?lang=fr
Global Acid Rock Drainage (GARD). Guide publié sous l'égide de l'International Network for Acid Prevention (INAP).	Ce document est facilement consultable sur Internet: Office of Surface Mining Reclamation and Enforcement des États-Unis
International Network for Acid Prevention (réseau international pour la prévention des déversements acides) (INAP), un organisme international dirigé par les grandes sociétés d'exploitation minière. Ce réseau soutient les travaux de recherche sur le sujet et a commandité la préparation du guide GARD.	http://www.inap.com.au/index.htm
Conférences internationales sur le drainage rocheux acide (CIDRA)	http://mend-nedem.org/9th-icard/?lang=fr
Conférences internationales de Sudbury sur les mines et l'environnement	http://mend-nedem.org/default/?lang=fr
Commission européenne - déchets dangereux	https://ec.europa.eu/eurostat/fr/web/waste/key-waste-streams/hazardous-waste

La caractérisation géochimique des stériles miniers est un prérequis pour l'obtention d'un permis dans de nombreuses juridictions. La directive concernant les déchets de l'industrie extractive (2006/21, Union européenne), par exemple, cite la prévention de la qualité de l'eau et de la pollution de l'air et du sol comme l'une des justifications du programme de caractérisation. La décision de la Commission 2009/360/CE définit un cadre de travail permettant au programme de caractérisation de former la base du plan de gestion des déchets. La caractérisation géochimique d'un projet minier est aussi considérée comme étant une bonne pratique reconnue à l'échelle internationale. Les objectifs de la caractérisation sont généralement définis comme suit :

- Prévention ou réduction de la production de déchets et des conséquences nocives d'une telle production grâce (entre autres) à la prise en compte des modifications que les stériles peuvent subir en fonction de la méthode de stockage ou suite à une augmentation de la surface du dépôt ou à leur exposition aux conditions qui prévalent au-dessus du sol.

Geochemical characterisation of tailings is a key issue during permitting of any proposed containment facility, particularly in well-regulated environments. ARD occurs when reactive sulphides contact with oxygen and water in the presence of iron/sulphur-oxidising bacteria, and there is insufficient or ineffective alkaline material to neutralise the products of oxidation and formation of acid. ARD is a dynamic and spatial phenomenon, and acid conditions occur if the acidity generated is greater than the neutralisation capacity of the system at any stage of the life cycle of sulphide oxidation, both during the deposition period and post closure. The term "ARD" is applied to the resulting leachate, seepage, or if drainage is acidic, typically defined as pH less than 6. There is extensive literature concerning tailings characterisation and ARD and a significant amount of knowledge has been documented. This may be referenced using the conferences and websites summarised in Table 2.4, and other best-practice documents. There are also many scientific journals that publish research on ML/ARD or related subjects.

Table 2.4
Organizations and References (Reference European Handbook on Hydraulic Fill 2014)

Description	**Examples of References**
Canadian Mine Environmental Neutral Drainage (MEND) program started in 1989 has an extensive library of studies on ML/ARD (AMD).	http://www.mend-nedem.org/default-e.aspx
Global Acid Rock Drainage (GARD) Guide sponsored by International Network for Acid Prevention (INAP).	This document is easily accessible via the internet: Office of Surface Mining Reclamation and Enforcement of the USA
International Network for Acid prevention (INAP). An international organization led by the major mining companies. It is supporting research on the subject and sponsored the GARD Guide.	http://www.inap.com.au/index.htm
International Conferences on Acid Rock Drainage (ICARD).	http://www.mend-nedem.org/default-e-aspx
Sudbury Mining & the Environment International Conferences	http://www.mend-nedem.org/default-e-aspx
European Commission Hazardous Waste	ec.europa.eu/environment/waste/hazardous_index.htm

Geochemical characterisation of mine tailings is a pre-permitting requirement in many jurisdictions. The Mine Waste Directive (2006 21, European Union), for example, cites Prevention of Water Status Deterioration, Air and Soil Pollution as one of the justifications for the characterisation programme. The Commission Decision 2009/360/EC provides a framework for the characterisation programme to form the basis of the Waste Management Plan. Geochemical characterization on a mine project is also considered international best practice. The objectives of characterisation are generally stated as:

- Prevention or reduction of waste production and its harmfulness by considering (among other factors) changes that the tailings may undergo in relation to the method of storage or an increase in surface area and exposure to conditions above ground.

- Description des caractéristiques physiques et chimiques des stériles à déposer, prévisibles à court et long termes, pour ce qui est de leur stabilité lors de leur exposition aux conditions atmosphériques en surface (gel, assèchement, détrempage, etc.) ou aux conditions de stockage, en tenant compte des différents types de minerais d'où proviendront les stériles après traitement.

- Prévention de la détérioration de la qualité de l'eau grâce à l'évaluation du potentiel de génération de lixiviats et de la teneur en contaminants des stériles mis en dépôts durant la phase d'exploitation de l'IGR et après sa fermeture.

Pour satisfaire aux objectifs de caractérisation des déchets, il est souvent nécessaire de déterminer :

- Si les stériles sont « inertes », en utilisant par exemple les critères de l'Union européenne relatifs à la définition d'un déchet « inerte » (Décision de la Commission 2009/359/CE);

- Si les stériles peuvent générer de l'acide et si c'est le cas, de quelle manière;

- S'il existe des problèmes dus à la lixiviation éventuelle de métaux.

Un programme de caractérisation est donc nécessaire, non seulement pour les stériles à mettre en dépôt, mais aussi pour les résidus futurs et l'évolution du comportement des stériles avec le temps, principalement durant la phase opérationnelle et après la fermeture du site. La méthode à adopter est typiquement itérative. Il faut prêter une attention particulière à tous les renseignements disponibles et à la variabilité des gisements et des vitesses de lixiviation.

Le nombre d'échantillons qui devront être testés dépend de la variabilité la plus probable des stériles et des autres résidus miniers qui seront incorporés à l'IGR et qui seront générés tout au long du cycle de vie du projet. Les usines de traitement des minéraux sont conçues pour une composition optimale du minerai, mais cette composition peut évoluer de manière importante durant le projet. Les échantillons doivent donc demeurer représentatifs des matériaux qui seront déposés. Il faut cependant reconnaître que les échantillons générés dans une usine pilote peuvent ne pas représenter exactement les stériles provenant d'une unité de production grandeur nature. Il est donc important de bien comprendre les limites de représentativité des échantillons dès le début du projet.

Un autre problème pratique, lié à l'échantillonnage, vient du fait que la quantité limitée de stériles générés par l'usine pilote peut être insuffisante pour la caractérisation géochimique ou les essais géotechniques. Ce problème doit être résolu si la caractérisation des matériaux doit se faire en fonction de critères d'échantillonnage reconnus par la communauté internationale. Dans certains cas, des échantillons de minerai peuvent être utilisés à la place de stériles, à condition que la minéralogie ne soit pas radicalement modifiée par l'extraction dans l'usine de traitement.

2.3.8.2. Essais statiques

Les essais statiques ont pour but d'évaluer de manière générale le potentiel de LM/DRA. Ils consistent habituellement à faire les analyses suivantes :

- Détermination du potentiel acidogène (PA) qui dépend de la teneur effective en sulfures oxydables et du potentiel de neutralisation (PN) (ou capacité de neutralisation des acides [ANC]), et qui représente la capacité des stériles à maintenir le pH des eaux avec lesquelles ils entrent en contact supérieur ou égale à 6. Le tableau 2.5 montre une classification générale des risques de drainage rocheux acide. (Veuillez cependant noter que d'autres méthodes de classification sont également utilisées).

- Description of expected physical and chemical characteristics of the tailings to be deposited in the short and long-term, with reference to their stability under surface atmospheric/meteorological (e.g. freezing, drying wetting, etc.) or storage conditions, taking into account the type of minerals that which will be processed to produce the tailings.

- Prevention of water quality deterioration by evaluating the potential to generate leachate, and the contaminant content, of the deposited tailings during both the operational and post-closure phase of the waste facility.

To comply with waste characterisation objectives, it is often a requirement to determine whether:

- The tailings are "inert", e.g., adopting the European Union criteria defining "inert" waste (Commission Decision 2009/359/EC);

- The tailings have potential for acid generation and, if so, how it will be realised; or

- There are metal leachability issues.

A characterisation programme is thus required not only for the tailings to be deposited, but in anticipation of future waste material characteristic and temporal behaviour changes, likely during the operational and post-closure phases. The methodology is typically iterative, and careful consideration must be given to all the information available and to the variability of the ore deposits and the different leaching rates.

The number of samples that need to be tested depends on the likely variability of the tailings and other mine wastes to be incorporated into the TSF, and to be generated over the life of the project. Mineral processing plants are designed for an optimum ore composition, but some deposits can change significantly over the life of the project. Therefore, samples must be representative of the material to be deposited, but it must also be recognised that samples generated in a pilot plant might not necessarily simulate full-scale plant production. It is therefore important to understand any deficiencies in the representative nature of the samples from the onset of the project.

Another practical problem associated with sampling, is that the limited quantity of tailings generated from pilot plants may not be sufficient for either geochemical characterisation or for geotechnical testing. This issue must be addressed if the material characterisation is to be based on internationally acceptable sampling criteria. In some cases, samples of ore can be used as surrogates for tailings, if there are not many changes in mineralogy expected from extraction in the processing plant.

2.3.8.2. Static Testing

Static testing is carried out to provide a general assessment of the ML/ARD potential and typically constitutes a suite of testing, which may include:

- Acid base accounting (ABA) which characterizes the acid potential (AP), represented by the oxidizable effective sulphide content and the effective neutralization potential (NP) (or acid neutralization capacity (ANC)), representing NP that will maintain pH values in contact water that are greater than, or equal to, 6. A general classification, is shown in Table 2.5. (However, note that other methods for classification are in general use).

- Analyse minéralogique, comprenant une analyse quantitative ou semi-quantitative des sulfures et des carbonates, une spéciation des composés carbonés et une analyse lithogéochimique.
- Essais de lixiviation (en flacon d'agitation).
- Mesure du pH dû à l'acide net généré (NAGpH).
- Ensembles de données analogiques concernant des corps minéralisés présentant une géologie et une minéralogie similaires.
- Essais de lixiviabilité à court terme. À noter que les résultats de certains de ces essais peuvent être utilisés pour classer les échantillons en fonction de leur dangerosité sur la base des critères élaborés par les organismes de réglementation, p. ex. le gouvernement de la Colombie-Britannique (par l'intermédiaire du *Waste Management Act*, une loi sur la gestion des déchets) et l'Environmental Protection Agency (Agence pour la protection de l'environnement) des États-Unis.

Tableau 2.5
Classification des risques de DRA en fonction du potentiel d'acidification net (PAN)

Classe	**Probabilité de DRA**	**Critère de classement**	**Commentaires**
Potentiellement acidogène (PA)	Élevée	PAN inférieur à 1	Probablement acidogène, sauf si les sulfures ne sont pas réactifs.
Incertain (nécessite des analyses supplémentaires)	Incertaine	PAN situé entre 1 et 2	Possiblement acidogène si: - le potentiel de neutralisation n'est pas suffisamment actif ou si - le potentiel de neutralisation diminue plus vite que la teneur en sulfures.
Non potentiellement acidogène (non-PA)	Faible	PAN supérieur à 2	Non-PA, sauf si: - les sulfures subissent une oxydation importante sur les grains exposés présentant des fractures, ou - les sulfures sont extrêmement réactifs et que le PN est insuffisant.

Source: NEDEM (2009)

Note: 1) PAN – potentiel de neutralisation net = potentiel de neutralisation des acides / potentiel de production d'acides

Résidus inertes

Dans certains cas, il sera possible de classer les stériles comme étant « inertes ». L'Union européenne définit par exemple dans sa décision 2009/359/CE les déchets inertes comme suit:

- « (...) teneur maximale en soufre sous forme de sulfure de 0,1 %, ou les déchets présentent une teneur maximale en soufre sous forme de sulfure de 1 % et le ratio de neutralisation, défini comme le rapport du potentiel de neutralisation au potentiel de génération d'acide et déterminé au moyen d'un essai statique prEN 15875, est supérieur à 3;

- Mineralogical analysis including quantitative or semi-quantitative sulphide and carbonate minerals, carbon speciation, and whole rock analysis.
- Leach tests (shake flask).
- Net acid generating (NAGpH) tests.
- Analog data sets from existing ore bodies with similar geology and mineralogy.
- Short-term leachability tests—note that some of these tests can be used to classify the samples as hazardous or non-hazardous using criteria developed by regulators, e.g., the BC Waste Management Act, Canada or the US Environmental Protection Agency.

Table 2.5
ARD risk classification based on net potential ratio (NPR)

Classification	**Potential of ARD**	**Screening Criteria**	**Comments**
Potentially Acid Generating (PAG) or Acid Generating (AG)	Likely	NPR less than 1	Likely acid generating unless the sulphides are non-reactive.
Uncertain (and requires further characterization)	Uncertain	NPR between 1 and 2	Possibly acid generating if: - Neutralization potential is insufficiently reactive: or if - Neutralization potential is depleted at a faster rate than the sulphides.
Not-Potentially Acid Generating (not-PAG)	Low	NPR greater than 2	Not-PAG unless: - significant oxidation of sulphides occurs on preferentially exposed grains within fractures, or - the sulphides are extremely reactive in combination with insufficiently reactive NP.

Source: Based on MEND (2009)

Note: 1) NPR – Net potential ratio = acid neutralization potential/ acid production potential

Inert waste

In some cases, it may be possible to classify the tailings as "inert". For example, inert tailings in the European Union (Commission Decision (2009/359/EC)) are defined as follows:

- "Maximum sulphide-sulphur content of 0.1% or sulphide-sulphur content of maximum 1% if the neutralization potential ratio is higher than three based on the results of EN 15875 static testing.

- Les déchets ne présentent aucun risque d'autocombustion et ne sont pas inflammables;

- La teneur des déchets (...) en substances potentiellement dangereuses pour l'environnement ou la santé humaine, et particulièrement en As, Cd, Co, Cr, Cu, Hg, Mo, Ni, Pb, V et Zn, est suffisamment faible;

- Les déchets sont pratiquement exempts de produits, utilisés pour l'extraction ou pour le traitement, qui sont susceptibles de nuire à l'environnement ou à la santé humaine. »

Les essais statiques doivent constituer la première phase de la caractérisation géochimique, sauf s'il a été démontré que les stériles sont inertes et non réactifs.

2.3.8.3. Essais cinétiques

Les essais cinétiques visent à évaluer les vitesses de lixiviation des métaux et de génération d'acides ainsi que l'acidité des matériaux qui deviennent acides durant la durée des essais. Les essais cinétiques peuvent être effectués sur le terrain ou en laboratoire. Deux types principaux d'appareillages sont utilisés pour les essais cinétiques en laboratoire : les cellules humides et les colonnes. Les essais sur le terrain présentent l'inconvénient d'être moins faciles à contrôler et de nécessiter plus de temps, mais leurs résultats reflètent les conditions les plus représentatives. Il est donc important de caractériser les stériles le plus tôt possible.

Les essais cinétiques permettent de mesurer la « réactivité » des minéraux exposés et de déterminer si l'échantillon générera un certain degré d'acidité après un temps quelconque. Les vitesses de base de production d'acides, de neutralisation et de libération de métaux sont les principaux paramètres obtenus lors des essais cinétiques. Ces essais doivent être conçus avec soin. L'obtention des résultats concernant la vitesse de lixiviation et de déplétion des métaux peut prendre quelques semaines à plusieurs dizaines de semaines. Il est crucial d'utiliser les services de professionnels expérimentés qui sauront interpréter les résultats.

Les différentes classes de stériles sont décrites ci-dessous et illustrées sur les figures 2.13 et 2.14.

Classification en fonction de la phase aqueuse :

- Drainage rocheux acide (DRA) : pH inférieur à 6,0

- Drainage minier neutre (DMN) : pH supérieur à 6,0 et matières dissoutes totales (MDT) inférieures à 1 000 mg/L. Drainage salin (DS): pH supérieur à 6,0 et MDT supérieures à 1 000 mg/L.

- There is no risk of self-combustion and the tailings will not burn.
- There are no substances potentially harmful to the environment or human health (specifically mentioned As, Cd, Co, Cr, Cu, Hg, Mo, Ni, Pb, V and Zn).
- The waste is substantially free of products used in extraction or processing which could harm the environment or human health."

Static testing should be the first phase of geochemical characterization, unless it is demonstrated that the tailings are inert and non-reactive.

2.3.8.3. Kinetic Testing

Kinetic testing assesses metal leaching and acid generation rates and intensity in materials that become acidic during the test period. Kinetic testing can be carried out in the field or in the laboratory. Two main types of apparatus are used for kinetic testing in the laboratory, namely humidity cells and columns. Field testing has the disadvantage of being less controllable and may take longer to generate the required data, although it may also present the most representative conditions. This emphasizes the need for early characterization of the tailings.

Kinetic tests provide a measure of the "reactivity" of exposed minerals and test whether the sample will generate net acidity at any point in time. The primary rates of acid generation, neutralisation and metal release are the main parameters obtained from kinetic testing. This testing needs to be designed carefully, and metal leaching and depletion time results and tests may be available within a few weeks to tens of weeks. The use of experienced professionals in the interpretation of the results is paramount.

The range of tailings classification is described below and illustrated on Figure 2.13 and Figure 2.14.

Aqueous-based Classification:

- Acid Rock Drainage (ARD): pH less than 6.0.
- Neutral Mine Drainage (NMD): pH greater than 6.0 and total dissolved solids (TDS) less than 1000 mg/L. Saline Drainage (SD): pH greater than 6.0 and TDS greater than 1000 mg/L.

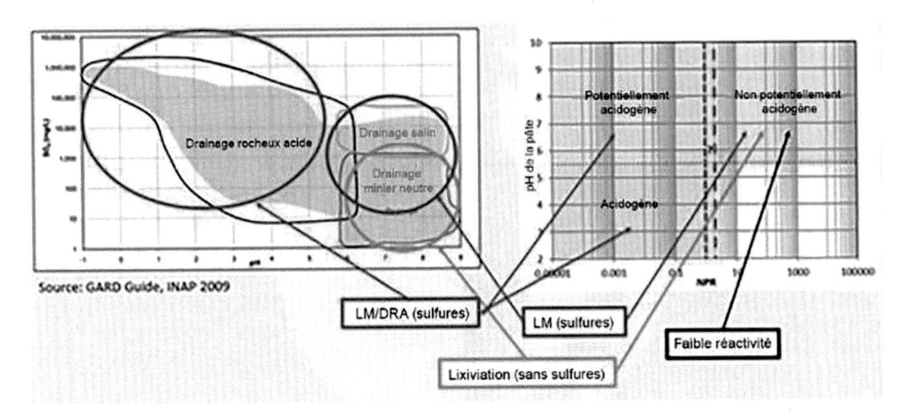

Figure 2.13
Digramme de Ficklin montrant le DRA, le DMN et le DS ainsi que leur relation avec le pH le PAN antérieurs (Klohn Crippen Berger 2017)

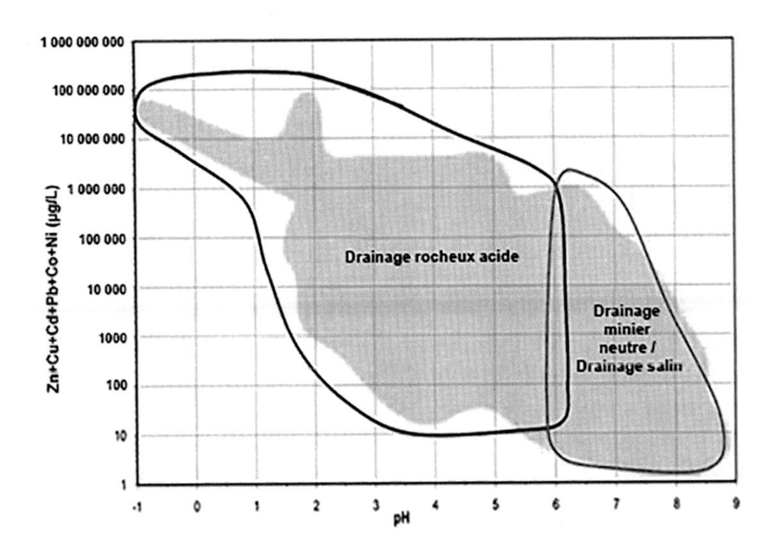

Figure 2.14
Diagramme de Ficklin montrant les domaines de DRA, de DMN et de DS en fonction du pH et de la concentration des métaux de base dissouts (Klohn Crippen Berger 2017)

2.4. PROPRIÉTÉS DES STÉRILES IN SITU

2.4.1. Introduction

Ce chapitre résume les principaux aspects du comportement des stériles sur le terrain. Les propriétés in situ des stériles mis en dépôt peuvent être obtenues par extrapolation des résultats des essais en laboratoire en tenant compte de données empiriques provenant de dépôts existants, mais les propriétés réelles seront très fortement dépendantes des conditions d'exploitation qui ne peuvent pas être simulées en laboratoire et peuvent varier de manière importante d'un site à l'autre.

Le comportement des stériles sur le terrain dépend donc de leur type (Tableau 2.1), mais aussi de leur concentration en solides, du climat, de la méthode choisie pour leur mise en dépôt et

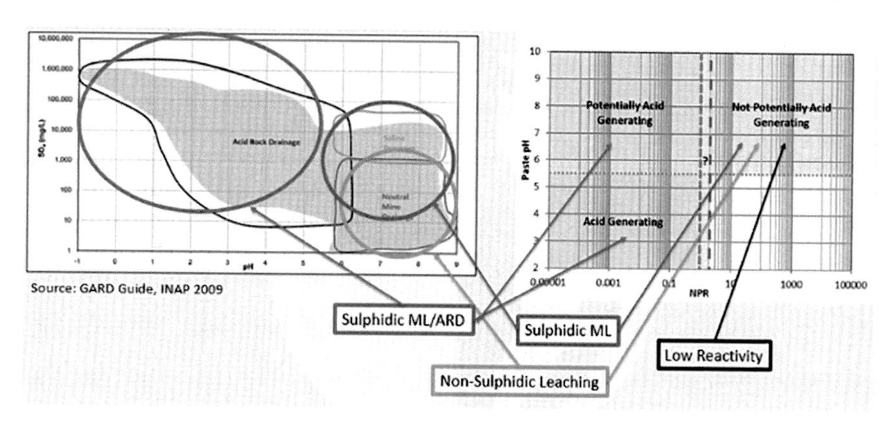

Figure 2.13
Ficklin-style diagram showing ARD, NMD and SD and relationship with past pH and NPR (Klohn Crippen Berger 2017)

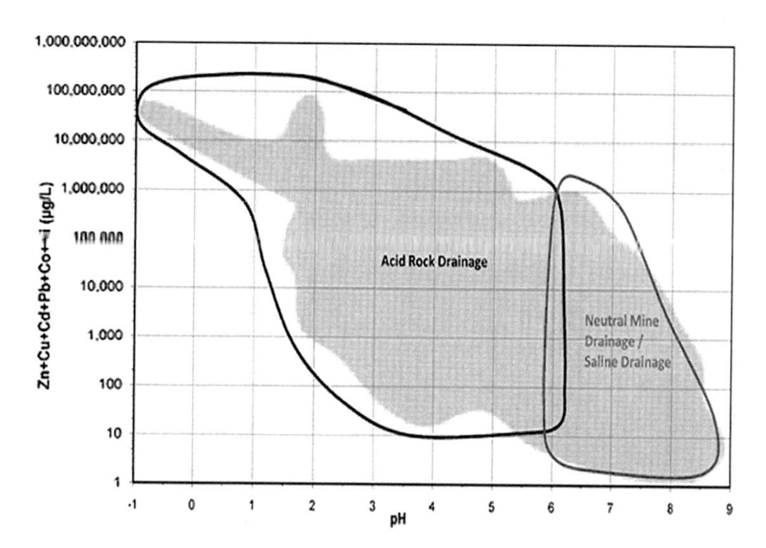

Figure 2.14
Ficklin-style diagram showing ARD, NMD and SD fields as a function of pH and dissolved base metal concentrations (Klohn Crippen Berger 2017)
Source: GARD Guide (INAP 2009)

2.4. IN SITU TAILINGS PROPERTIES

2.4.1. Introduction

This section of the Bulletin summarizes the key aspects of field behavior of tailings. While the in situ properties of deposited tailings may be extrapolated from laboratory testing with considerations of empirical field data from existing tailings facilities, they will be heavily influenced by a range of operational conditions that cannot be simulated in the laboratory and can vary significantly between sites and operational conditions.

In addition to the types of tailings (Table 2.1), the field behavior is influenced, for example, by the solids concentration of the tailings, climate, deposition methods, and ore and process plant

de la variabilité associée au minerai et au procédé d'extraction. Une concentration élevée en solides dans les boues se traduit par une réduction de la ségrégation des particules et une stratification moins marquée des stériles fins et grossiers. Les climats froids peuvent gêner la consolidation et permettre la formation de lentilles de glace (pergélisol) et le gel des plages de stériles, tandis que les climats arides favorisent la consolidation par dessiccation. Des bouleversements dans l'usine (au niveau des épaississeurs) peuvent entraîner des périodes de concentrations en solides faibles, qui peuvent elles-mêmes se traduire par des pentes plus faibles et une ségrégation plus marquée.

Les essais en laboratoire menés durant la phase pré opérationnelle, alors que la disponibilité des échantillons est souvent restreinte et les conditions sur le terrain mal simulées, doivent être suivis par des essais effectués durant l'exploitation de la mine pour confirmer les propriétés des stériles dans les conditions réelles d'exploitation.

2.4.2. Pentes des plages

La pente des plages au-dessus des bassins a été mesurée sur de nombreux sites de dépôt de stériles dans le monde entier. La figure 2.15 montre la variation de la pente de la plage en fonction de son éloignement du point de déversement pour différents types de stériles et degrés d'épaississement. Ces données permettent de tirer les conclusions suivantes :

- La pente des dépôts diminue avec la granulométrie, de forte pour les stériles grossiers à presque nulle pour les stériles ultrafins;
- Les plages sont typiquement concaves et présentent à leur pied une ségrégation hydraulique des particules en fonction de la taille et de la densité.de ces dernières;
- L'épaississement, qui aboutit à une concentration en solides plus élevée, engendre des plages plus inclinées, en particulier lorsqu'elles sont peu larges, et une moindre ségrégation hydraulique au pied des plages.

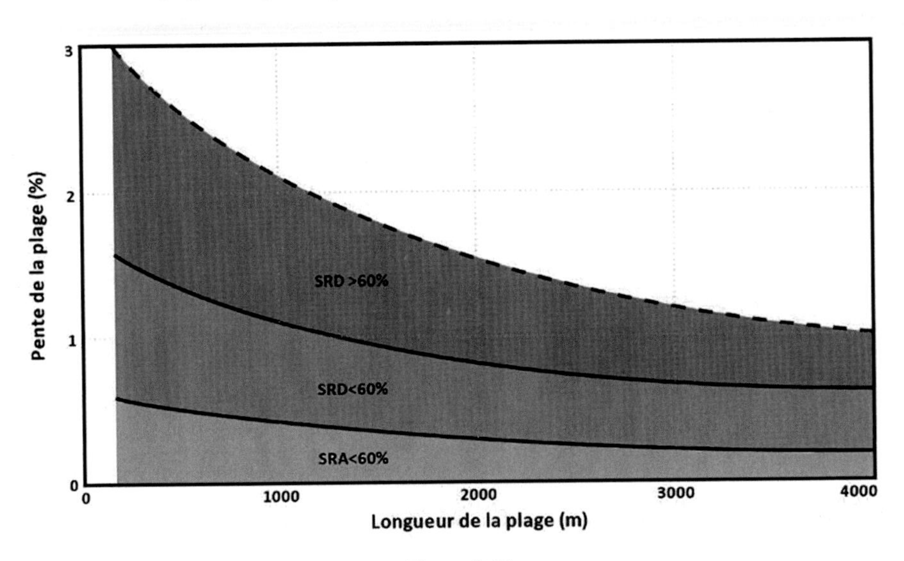

Figure 2.15
Variation de la pente de la plage (%) en fonction de l'éloignement du point de déversement pour différents types de stériles

variability. Higher slurry solids concentrations result in reduced segregation of particles and less layering of finer and coarser tailings. Cold climates can hinder consolidation and allow formation of ice lenses (permafrost) and glaciation of tailings beaches, whereas arid climates promote consolidation by desiccation. Mill (thickener) upsets can lead to periods of low solid concentrations, which can result in flatter slopes and increased segregation.

Testing in the laboratory at the pre-operational stage, where sample availability is often restricted and field conditions are not reasonably simulated, should be followed up with testing during the life of the mine to confirm the tailings properties under actual operating conditions.

2.4.2. Beach Slopes

Slope data for beaches above the water pond have been collected from numerous tailings projects worldwide and Figure 2.15 provides a plot of beach slope angle versus the distance from the discharge point for the various types of tailings and degrees of thickening. The main observations from these data are:

- Coarser tailings have steeper slopes grading down to near horizontal slopes for ultrafine tailings;
- Beach slopes are typically concave, with hydraulic sorting of particles down the beach according to their particle size and specific gravity;
- Thickening to a higher solids concentration increases the beach slopes, particularly over short distances, and, reduces hydraulic sorting down the beach.

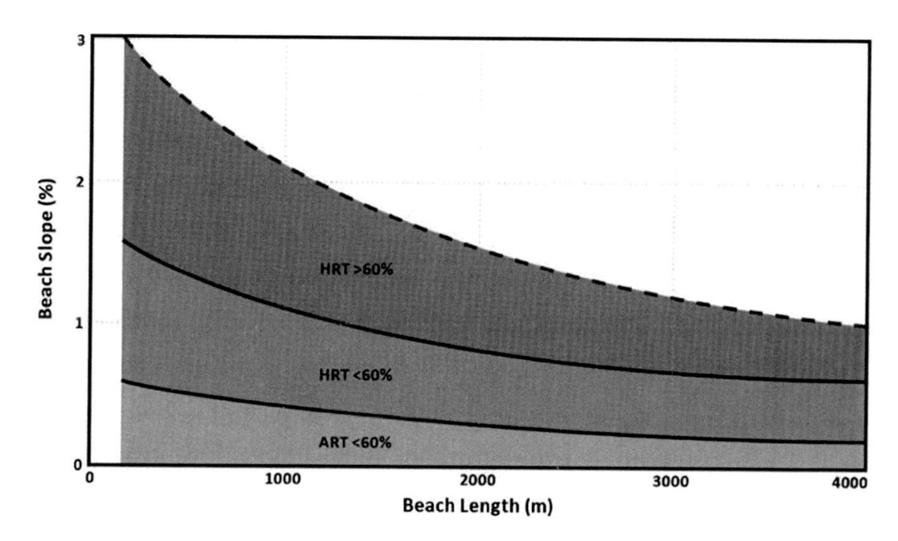

Figure 2.15
Beach slope (%) and tailings discharge distance relationship for tailings types

La forme concave des plages est principalement due à la ségrégation, à la sédimentation et à la consolidation des stériles durant leur transport le long de la plage. Parmi les autres facteurs ayant une incidence sur la pente des plages, on peut citer la variabilité du minerai et les performances des épaississeurs. Un changement de conditions, comme par exemple l'apparition de stériles plus fins provenant d'une zone localement plus riche en argiles dans le minerai ou la perte de contrôle des floculants dans les épaississeurs, peut se traduire par des plages moins inclinées, qui ne retrouveront leur pente initiale qu'après retour aux conditions qui prévalaient avant le changement.

Le climat peut avoir une incidence sur la pente des plages, les climats arides ayant tendance à accélérer la vitesse de consolidation, en raison de l'évaporation sur toute la longueur de la plage. Dans les climats arctiques, les stériles peuvent geler avant de parvenir au bassin de récupération, ce qui interrompt le processus de consolidation et peut engendrer localement une accentuation de la pente des plages. Ces plages qui présentent une pente localement plus forte peuvent devenir instables durant le dégel.

La vitesse de dépôt des stériles a une incidence locale sur l'inclinaison des plages. Une vitesse réduite, obtenue en augmentant le nombre de buses de déversement et en réduisant leur taille, se traduit par des plages localement plus abruptes.

L'inclinaison de la partie subaquatique des plages dépend de la sédimentation des stériles dans l'eau. Après l'entrée des stériles dans le bassin, les particules se déposent en fonction de leurs caractéristiques. Les particules grossières, qui se déposent en premier, forment d'abord une pente raide. Les pentes subaquatiques des plages varient typiquement de 3 % à 5 % pour les stériles constitués de roches dures et les stériles grossiers, à moins de 0,7 % pour les roches altérées, et moins de 0,4 % pour les stériles fins. Après la formation initiale d'une pente subaquatique raide, les pentes s'adoucissent généralement pour finir à des inclinaisons inférieures à 0,5 %.

2.4.3. Densité des stériles in situ

La densité finale des stériles stockés est un facteur important qui doit être pris en compte pour décider de la capacité de l'installation de stockage et de la séquence de construction. Durant la phase de conception, les essais en laboratoire et les données de la Figure 2.7 permettent d'émettre des hypothèses sur cette densité. L'indice des vides peut être relié à la concentration massique (%) des solides et à la densité sèche en utilisant les graphes des Figures 2.4 et 2.5. L'estimation de la densité in situ peut également être obtenues par modélisation de la consolidation des divers stériles connaissant les conditions de mise en dépôt et de chargement.

Il est nécessaire de mesurer la densité après le début des opérations. La densité moyenne du dépôt augmente habituellement avec le temps, les stériles se consolidant sous l'effet de leur propre poids. Il est recommandé d'estimer fréquemment la densité durant les premières années d'exploitation. Pour cela, il faut estimer le volume du dépôt de stériles à partir des relevés topographiques effectués avant mise en dépôt et ceux du dépôt actuel. La densité moyenne des stériles stockés est calculée en divisant le poids total des stériles déposés jusqu'à la date du relevé (en tonnes sèches) par le volume occupé.

Les stériles passent par plusieurs étapes de sédimentation et de consolidation une fois déposés sur une plage ou dans un bassin. Ces étapes dépendent des propriétés des stériles, de la manière dont ils sont déversés et du climat. Dans le cas de stériles mis en dépôt à une relative faible concentration solide, il y aura un relâchement significatif des pressions interstitielles en excès lors du tassement. Il y aura également ségrégation des particules en fonction de leur taille et de leur densité, ce qui aboutira à des zones de stériles présentant des propriétés différentes le long de la plage. Cette ségrégation entraîne des variations granulométriques horizontales le long des plages, mais également des variations verticales, lorsque des couches de matériaux plus ou moins grossiers s'étalent successivement sur la plage sous l'effet de la divagation du flux de stériles contre celle-ci.

The concave shape of the beaches is principally due to segregation, sedimentation, and consolidation of the tailings as they are transported down the length of the beach. Additional factors influencing the beach slope are the variability of the ore type and the performance of the thickeners. Upset conditions such as finer tailings due to localized clay rich zones in the ore, for example, or loss of flocculant control in the thickeners, can result in flatter slopes, which then require a return to pre-upset conditions to establish the original beach slope.

Climate may influence the beach slope, with arid climates increasing the rate of consolidation, as evaporation occurs along the beach length. In arctic climates, tailings may freeze before they reach the reclaim pond, which shuts down the consolidation process and may locally steepen the beach. Locally steepened slopes may become unstable during the thaw period.

The velocity of the deposited tailings has a local impact on the steepness of the beach. Reducing the velocity by discharging from a greater number of smaller spigots results in a locally steeper beach.

Sub-aqueous beach slopes are controlled by the settling behaviour of tailings in water. As the tailings contact the water pond the particles settle according to conventional settling characteristics, initially forming a steep slope as the coarse particles settle. Underwater beach slopes typically vary from 3% to 5% for Hard Rock and Coarse tailings to <0.7% for Altered Rock and <0.4% for Fine tailings. After the initial steep underwater beach slope, the slopes typically flatten to <0.5%.

2.4.3. In Situ Tailings Density

The achieved density of the impounded tailings plays a dominant role in planning the tailing facility capacity and construction sequence. Assumptions on the density are made during the design phase based on laboratory testing and comparison to example data on Figure 2.7. The void ratio can be related to the percent solids by weight and dry density with the use of Figure 2.4 and Figure 2.5. Estimation of in situ densities can also be supported with consolidation modeling of the variation of tailings within the impoundment and the loading conditions.

Verification of the density is required after the start of the operations and the average density of the deposit typically increases with time, as tailings consolidate under their self-weight. Frequent estimates of the density are recommended during the initial years of facility operation. This involves estimating the volume of the deposited tailing using the impoundment survey prior to tailing disposal and a current impoundment survey. The total dry tonnes of tailings deposited by the survey date are then divided by the occupied volume to estimate the average density of the impounded tailings.

Tailings go through various stages of settlement and consolidation once deposited on a beach or within a water pond. These stages depend on the properties of the tailings, how they are discharged, and climate. For tailings discharged at a relatively low solids concentration, there will be significant initial release of excess pore water as the tailings settle. There will also be segregation by particle size and density, resulting in effectively different tailings properties along the length of the beach. This segregation results in grading variations horizontally down the beach, but also vertically, where layers of finer and coarser materials become layered due to streams of tailings meandering across the beach.

Après l'évacuation de l'« eau de ressuage » initiale, la consolidation des stériles se poursuit et la surface du dépôt s'assèche sous l'effet de l'évaporation ou du gel. Sous les climats froids, la consolidation peut également s'effectuer durant les cycles de gel et de dégel. Dans les dépôts stériles fins, le séchage peut entraîner l'apparition d'efforts de succion au niveau des pores, ce qui augmente leur densité par séchage et retrait. Ces phénomènes sont accompagnés de fissuration en surface. Le processus d'assèchement est optimum lorsque de fines couches de stériles sont déposées successivement, en attendant à chaque fois qu'une couche soit sèche avant de déposer la suivante. Si les couches sont trop épaisses, la dessiccation des stériles en profondeurs sera limitée.

Une densité maximale résultant du séchage à l'air finit par être atteinte et toute densification supplémentaire des stériles nécessitera la scarification ultérieure du dépôt sec par des moyens mécaniques.

2.4.4. *Conductivité hydraulique*

La conductivité hydraulique in situ d'un dépôt de stériles dépend du type de stériles, du pourcentage de fines – en particulier de la fraction argileuse – et du système utilisé pour la mise en dépôt. Un dépôt bien contrôlé sur une plage peut par exemple former une structure multicouche interstratifiée semblable aux dépôts lacustres peu profonds. La ségrégation sur la plage et des modes de déposition variables peuvent entraîner la formation de couches grossières ayant une conductivité hydraulique élevée. L'entrecroisement des couches, combiné aux différences faibles, mais observables des vitesses de sédimentation le long de la plage, aboutit à un système laminaire anisotrope hautement stratifié présentant un rapport k_h/k_v compris entre 10 et 15, voire plus élevé. Cette anisotropie peut être bénéfique en favorisant le drainage, mais elle rend également problématiques les mesures in situ de la conductivité hydraulique. Il convient de noter que l'interstratification ne se limite pas aux stériles aériens, mais est également observée dans les dépôts subaquatiques. La formation de dépôts de gypse dans les dépôts de stériles au pH élevé ou la présence de produits issus des déchets de traitement peuvent également influer sur la perméabilité in situ.

L'évaluation de la conductivité hydraulique par des mesures in situ est donc difficile. Dans certains cas, des mesures à l'aide d'un infiltromètre de surface, si l'instrument est disponible, peuvent permettre d'obtenir des données. Les données de CPT doivent être analysées et interprétées correctement et les résultats traités avec prudence. Il faut également mentionner des cas où le rapport k_h/k_v a été calculé à partir de données mesurées, un exercice utile pour plus de robustesse.

2.4.5. *Résistance au cisaillement – drainée et non drainée, statique et dynamique – dans le cadre de la mécanique des sols à l'état critique*

La résistance drainée de la plupart des stériles est relativement élevée, les stériles provenant du concassage de roches, qui produit habituellement des particules angulaires résistantes. Les angles de friction en situation drainée varient typiquement de 30° à 35° ou plus, mais les résistances drainées des stériles fins et ultrafins sont plus faibles. Cependant, la résistance drainée détermine rarement la résistance des stériles puisqu'une fois la rupture amorcée, ces derniers se comportent comme s'ils étaient non drainés, avec l'apparition de pressions interstitielles. Le comportement des stériles durant une mise en dépôt non drainée se comprend mieux en faisant appel à la mécanique des sols à l'état critique (Jeffries et Been, 2018). L'état critique peut être vu comme l'état ultime atteint après un cisaillement suffisant. Le comportement des stériles va de la contraction (stériles meubles) à la dilatance (stériles denses) et la frontière entre les deux est la ligne d'état critique, comme le montre le graphe de la Figure 2.16 qui représente la variation de l'indice des vides en fonction de la contrainte moyenne. Plus la densité des stériles est éloignée de celle de l'état critique final, plus rapide sera la dilation ou la contraction. Le paramètre d'état ψ représente cet écart, comme illustré sur la Figure 2.16.

Following release of the initial "bleed water," tailings will continue to consolidate, and the surface will dry (desiccate) with exposure to evaporation or freezing. Consolidation can also occur during freeze/thaw cycles in cold climates. In fine-grained tailings, drying can lead to the development of suctions forces within the pores, which increase the density of the tailings as drying and shrinkage occurs. This is accompanied by surface cracking. The drying process is most effective when thin layers of tailings are deposited and allowed to dry prior to placing the next layer. If layers are placed too thickly, the tailings at depth will experience limited desiccation.

Eventually, a maximum air-dried density is reached, and further densification cannot occur unless the dried soil structure is broken up by mechanical means.

2.4.4. Hydraulic Conductivity

The in situ hydraulic conductivity of a tailings deposit is a function of the type of tailings, the percentage of fines - particularly the clay component - and the deposition system employed. For example, a well controlled beach deposit can develop a laminated interbedded structure similar to shallow lacustrine deposits. Segregation on the beach and varying deposition pathways can result in coarser, higher hydraulic conductivity layers. The impact of the cross bedding, combined with the small, but noticeable differences in settlement rate across the beach, results in a highly stratified anisotropic layer system, which exhibits an enhanced k_h/k_v ratio of 10 - 15 or higher. While this anisotropy can be beneficial in enhancing drainage, it also makes in situ measurement of hydraulic conductivity problematic. It is noted that the interbedding is not restricted to subaerial tailings, but also occurs in subaqueous deposits. The formation of gypsum deposits in high pH tailings deposits, or products from the processing wastes, may also impact in situ permeabilities.

Assessment of hydraulic conductivity by in situ testing is challenging. In some cases, surface infiltrometer tests can provide data, if available. The interpretation of the CPT data must be analysed appropriately, and the results treated with caution. Reference should also be made to case histories that back-calculate k_h/k_v from performance data that is useful to provide further support.

2.4.5. Shear Strength – Drained and Undrained, Static and Dynamic – Critical State Soil Mechanics

The drained strength of most tailings is relatively high, as the tailings are usually a product of crushing rock, which commonly results in angular competent particles. Drained friction angles typically vary from 30° to 35° or higher, although the drained strengths of fine and ultrafine tailings are lower. However, drained strengths rarely control the strength of tailings, because as failure is initiated the tailings behave in an undrained state, with generation of pore pressures. An understanding of the behaviour during undrained loading is best illustrated with critical state soil mechanics (Jeffries & Been, 2018). Critical state can be viewed as the ultimate condition that will be achieved after sufficient shear. Tailings behaviour ranges from contractant (loose) to dilatant (dense) states and the boundary between these is commonly referred to as the critical state line, as illustrated on Figure 2.16, which plots void ratio against mean stress. The further the tailings density is from the final critical state, the faster dilation or contraction occurs. The state parameter ψ is defined as a measure of that deviation, as illustrated on Figure 2.16.

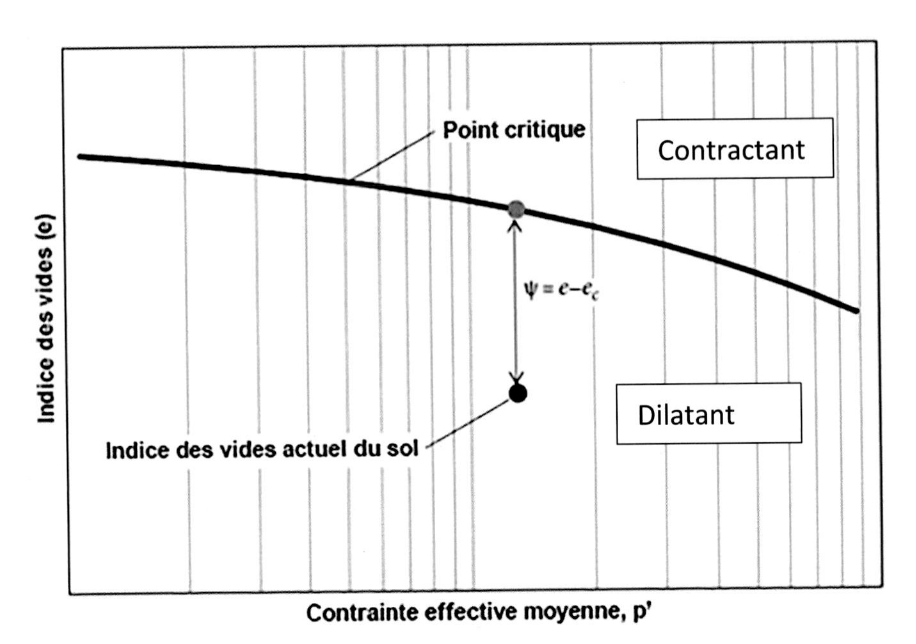

Figure 2.16
Paramètre d'état (ψ) et ligne d'état critique (d'après Jeffries et Been 2018)

La détermination de ψ a été rendue plus facile par le développement d'essais de pénétration au cône (CPT) dont les résultats sont corrélés à ceux d'essais en laboratoire afin de construire une relation permettant de trouver ψ. Les valeurs de ψ inférieures à -0,05 sont généralement associées aux sols en contraction. Des essais de pénétration au cône ont également été mis au point pour déterminer spécifiquement les valeurs maximales et résiduelles des résistances drainées et non drainées au cisaillement après étalonnage de la résistance à la pointe du cône et du frottement latéral à l'aide de données empiriques et de données expérimentales (Robertson, 2010).

La détermination en laboratoire de la résistance drainée de pic au cisaillement de stériles prélevés in situ se heurte néanmoins à la difficulté de prélever des échantillons intacts représentatifs et les essais de pénétration au cône (CPT) restent donc la méthode d'évaluation la plus fiable. Il est également nécessaire d'estimer la pression interstitielle in situ pour évaluer le rapport C_u/σ'_{vo}. Les pressions interstitielles présentes dans les stériles ou les fondations sont rarement hydrostatiques. Elles peuvent en effet dépasser les niveaux hydrostatiques dans les sols consolidés ou au contraire leur être inférieures en présence d'un important drainage souterrain. Les essais de pénétration au cône (CPT) donnent typiquement des résistances non drainées de pic au cisaillement (C_u/σ'_{vo}) qui varient entre 0,25 et 0,3. Des valeurs plus élevées du rapport S_u/σ_v' allant jusqu'à 0,5 peuvent être observées après dessiccation des stériles ou le développement de structures résultant de processus chimiques. Les valeurs de C_u/σ'_{vo} inférieures à 0,15 peuvent correspondre aux stériles fins et ultrafins. Les résistances résiduelles et de pic non drainées au cisaillement peuvent également être évaluées par des essais scissométriques in situ.

La liquéfaction en conditions statiques ou dynamiques peut survenir lorsque les contraintes dépassent la résistance non drainée de pic au cisaillement, lors d'un évènement tel que : l'élévation du niveau du barrage, la concentration des contraintes (en particulier à niveau de barrage élevé), la formation de chemins de contrainte de traction résultant de comportements différents des matériaux ou d'un déchargement. Les méthodes d'évaluation de la liquéfaction statique continuent d'évoluer et les spécialistes des stériles sont invités à ne pas considérer que ce processus est parfaitement maîtrisé. Il est donc plus prudent de considérer qu'en présence de sols contractants, une liquéfaction statique peut se produire, et donc prendre en compte la résistance résiduelle.

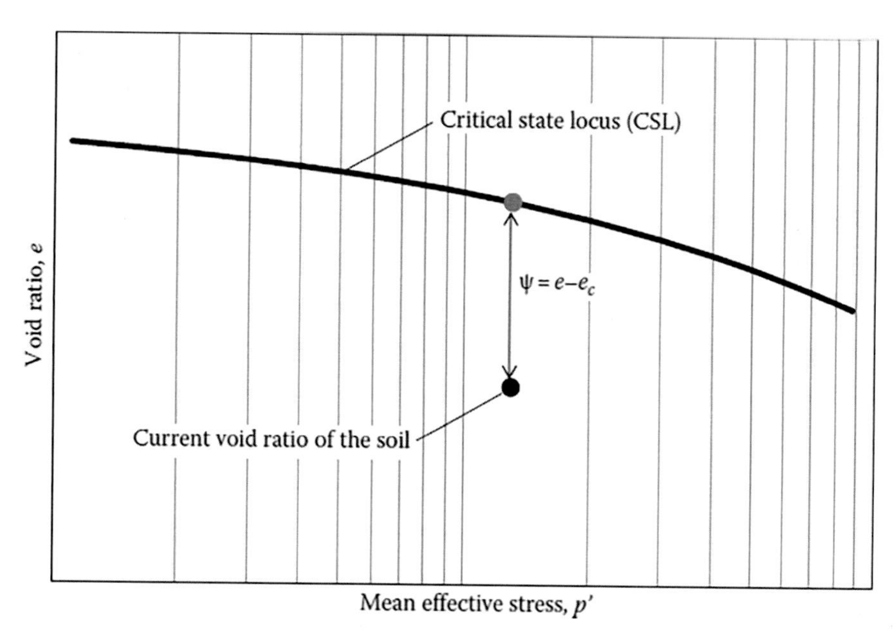

Figure 2.16
State parameter (ψ) and critical state line (after Jefferies & Been 2016)

Determination of ψ has been advanced with the development of CPT technologies in which laboratory tests have been correlated with CPT testing to develop a relationship to determine ψ. A value of $\psi < -0.05$, is typically used to identify contractive soils. CPT has also been developed to determine peak and residual undrained shear strengths where the cone tip resistance and side friction have been calibrated with empirical and laboratory data (Robertson, 2010).

Laboratory determination of the peak undrained shear strength of in situ tailings is challenged by the difficulties in collecting representative undisturbed samples, and typically CPT is the primary assessment tool. Estimation of in-situ pore pressures is also required to estimate the C_u/σ'_{vo} ratio. In situ pore pressures within tailings and/or foundation are seldom hydrostatic and may be higher than hydrostatic for under consolidated soils or lower than hydrostatic where strong underdrainage is present. The peak undrained shear strengths of tailings from CPT assessments typically vary from $C_u/\sigma'_{vo} = 0.25$ to $C_u/\sigma'_{vo} = 0.3$. Higher peak undrained shear strengths (up to $S_u/\sigma_v' = 0.5$) may be obtained through drying of the tailings or with development of structure due to chemical processes. Lower values of C_u/σ'_{vo} (< 0.15) may apply to fine and ultrafine tailings. Peak and residual undrained shear strengths can also be obtained with in situ vane shear tests.

Static or flow liquefaction can occur when the peak undrained shear strength is exceeded, which can be triggered with changes in stresses due to, for example: dam raises, stress concentrations (particularly at higher dam heights), extension stress paths due to different material behavior, or from unloading. The state of practice for assessment of static liquefaction continues to evolve and tailings specialists are cautioned against assuming that the process is well understood. Accordingly, it is often prudent to assume that when contractant soils are present, static liquefaction could occur, and to design for the residual shear strength.

Les cas de glissements de terrain résultant de la liquéfaction de stériles dans des conditions statiques ou sous l'effet d'un séisme concernent généralement des stériles déposés dans un état meuble sur des épaisseurs inférieures à 20 m et soumis à des contraintes de consolidation inférieures à 200 kPa. Ces stériles étaient fortement contractant sous cisaillement et présentaient une fragilité avec une résistance résiduelle (ou forte contrainte) non drainée ne valant que 10 % de la résistance de pic au cisaillement non drainée. La fragilité élevée des stériles a contribué à la soudaineté de leur liquéfaction et à la mobilité du glissement de terrain qui en a résulté. De plus, des retours d'expérience récents montrent que des conditions de chargement ou de déformation induisant des chemins de contrainte en extension peuvent conduire à des conditions de déclenchement d'instabilités plus critiques que celles qui ont été considérées par la profession dans le passé.

Il est possible d'estimer la résistance résiduelle non drainée au cisaillement à l'aide d'essais de pénétration au cône (CPT) et d'essais en laboratoire, mais il est difficile d'obtenir des données représentatives. Des données empiriques dérivées de l'analyse des défaillances passées peuvent être utilisées pour aider le concepteur. Le rapport C_{ur}/σ'_{vo} avoisine typiquement 0,1 et couvre une gamme allant de C_{ur}/σ'_{vo} = 0.15.

Sous forme contrainte, les stériles présentent un comportement induisant plusieurs consequences :

- La consolidation des stériles sous contraintes élevées conduit à une réduction de l'indice des vides, ce qui se traduit généralement par une augmentation de la résistance, mais cet effet est souvent contrarié, à très hautes contraintes (probablement supérieures à 500-1000 kPa), par l'écrasement des particules à leurs points de contact durant le cisaillement. L'effet résultant est une réduction générale de l'angle de frottement effectif maximal avec la contrainte de confinement, même pour les stériles déposés dans un état dense, tels que des sables compacts provenant d'hydrocyclones (Busslinger et al., 2013). Plus important encore, la compression d'un dépôt de stériles meubles sous contrainte élevée peut réduire de façon bénéfique la contractance et diminuer la fragilité des stériles (Robertson, 2017). Cette réduction de la fragilité pourrait expliquer l'absence d'incidents mettant en jeu une liquéfaction dynamique des stériles à des profondeurs excédant 20 m. L'analyse d'échantillons meubles de stériles sous contraintes élevées peut être bénéfique aux projets pour lesquels de telles contraintes sont à prévoir.

- Les stériles qui présentent une apparente sur consolidation résultant de leur dessiccation ou de la précipitation de minéraux peuvent perdre leur intégrité structurale sous des contraintes élevées et devenir fragiles, un processus accompagné d'une diminution de leur résistance qui les ramène au niveau des stériles normalement consolidés. Dans ce cas, le matériau génère des pressions interstitielles en excès lors de sa mise en chargement.

2.4.6. Rapport de sur consolidation

La contrainte maximale historique ou le rapport de surconsolidation (OCR) sont d'autres facteurs importants dont il faut tenir compte pour estimer la résistance au cisaillement des stériles ou de la fondation sous-jacente en argile. Le comportement de l'OCR des argiles est bien compris et documenté (voir par exemple la méthode SHANSEP) en mécanique des sols classique. Les stériles peuvent cependant développer un OCR apparent à cause de processus physiques ou chimiques qui interviennent durant la mise en dépôt ou l'exposition à l'air ambiant. Cet OCR apparent peut refléter des rapports C_u/σ'_{vo} élevés, mais il n'est pas certain que le matériau devienne plus fragile ou que cet OCR apparent ne soit pas ultérieurement réduit sous certaines contraintes.

Case histories of static and seismic tailings liquefaction flow slides generally involve tailings deposited in a loose state and at shallow depths up to 20 m deep, with low consolidation stresses less than 200 kPa. Such tailings were highly contractive in shear and exhibited high "brittleness" with a residual (or large strain) undrained shear strength as low as 10% of the peak undrained shear strength. The high brittleness contributed to both the suddenness of the liquefaction events and the mobility of the consequent tailings flow slides. Moreover, recent case histories indicate that loading or straining conditions leading to extension stress paths in tailings may be a more critical triggering condition than previously appreciated in the industry.

Estimation of the residual undrained shear strength can be obtained using CPT and laboratory testing, although obtaining representative data is challenging. Empirical data from past failures can be used to guide the designer and typically are of the order of $C_{ur}/\sigma'_{vo} = 0.1$, with a range of $C_{ur}/\sigma'_{vo} = 0.05$ to $C_{ur}/\sigma'_{vo} = 0.15$.

The behavior of tailings under high stresses has important considerations which include:

- Consolidation of tailings at high stresses leads to a reduction of void ratio which generally increases strength, but this is often counteracted at very high stresses (likely greater than 500 kPa to 1000 kPa) by crushing of the particles at their points of contact during shear. The net effect is a general reduction in the peak effective friction angle with confining stress, even for tailings deposited in a dense state, such as compacted cyclone sand (Busslinger et al., 2013). More importantly, compression of a loose tailings structure at high stresses can beneficially reduce the contractive behavior of tailings leading to a lower degree of brittleness (Robertson, 2017) and such reductions in brittleness may account for the absence of tailings flow-liquefaction case histories at depths greater than 20 m. Testing of loose samples of tailings at high stresses may be beneficial for some projects where high stresses are applicable.

- Tailings that exhibit apparent over consolidation due to desiccation or mineral precipitation may lose their structure under higher stresses, leading to a brittle structure, with a strength reduction that could revert to normally consolidated tailings. In this case, the soil would generate excess pore pressures when loaded.

2.4.6. *Over Consolidation Ratio*

Maximum past stress or apparent over consolidation ratio (OCR) is another important consideration for estimating the shear strength of tailings and/or underlying clay foundation. Understanding the OCR behaviour of clays is well documented (e.g. SHANSEP method) with standard soil mechanics. However, tailings may develop an apparent OCR due to physical or chemical processes that occur during deposition and exposure to the atmosphere. This apparent OCR may indicate higher C_u/σ'_{vo} ratios, however, there remains some uncertainty if the material will behave more brittle and whether the apparent OCR may be reduced under certain stress conditions.

2.4.7. *Impacts géochimiques*

Une des clés du dépôt hydraulique des stériles réside dans le fait que des processus géochimiques peuvent induire des modifications physiques des résidus. Dans le cas des dépôts semi-aériens, une teneur même modérée en sulfures ou en sels dans les stériles peut entraîner le développement d'une mince croûte sur les surfaces exposées à l'atmosphère où des réactions d'oxydation et des phénomènes de précipitation sélective peuvent survenir. De telles croûtes sont généralement minces et peu résistantes si leur composition chimique est normale. Si elles ne sont pas brisées, elles entraînent souvent une augmentation des ruissellements et limitent efficacement la dispersion de poussières. Ces couches d'origine chimique réduisent la conductivité hydraulique verticale et affectent non seulement les résidus exposés en surface, mais aussi l'infiltration d'eau lors de l'apport de stériles supplémentaires. L'impact le plus remarquable est peut-être la formation de plages de dépôt plus planes et des densités plus faibles au sein du dépôt. Dans le cas des plages de dépôt ayant une fonction structurelle, il existe par ailleurs un risque que la résistance au cisaillement sur ces surfaces altérées chimiquement soit différente de celle obtenue au cours des essais en laboratoire. La plupart du temps, ces croûtes chimiques sont cependant fragiles et la surface est facilement détruite par le passage de véhicules et de travailleurs chargés d'inspecter la surface, ce qui annule les effets mentionnés plus haut. Dans les climats extrêmement froids, le développement de lentilles de glace à la surface des stériles et l'expansion subséquente de la couche superficielle aura un effet similaire sur la compétence mécanique de la croûte. Il convient de noter que la création d'une croûte chimique aux fins d'éliminer les poussières est volontairement provoquée sur certains sites par l'application d'adjuvants ou d'huiles biodégradables.

En dernier lieu, dans le cas des grands dépôts de stériles pour lesquels la période de rotation est longue et pour les résidus à haute teneur en sulfure, une exposition prolongée peut mener à l'oxydation des minéraux et à la formation d'une surface solide sur la plage de stériles. Ces surfaces sont souvent dures et compactes et résistent bien au passage des véhicules et du personnel. Cette situation peut entraîner la formation d'un dépôt très stratifié composé d'une alternance de couches d'origine chimique extrêmement dures et de couches plus molles, seulement partiellement consolidées, avec une importante variation verticale des propriétés géotechniques.

Il faut envisager la possibilité de modifications chimiques au sein d'un dépôt de stériles et l'incidence de telles modifications sur les caractéristiques géotechniques des plages de stériles non seulement durant la phase de conception, mais aussi dans le cadre de la planification de la fermeture du site, en particulier lorsque l'on prévoit d'utiliser en couverture finale des stériles non sulfurés ou n'ayant aucun potentiel acidogène.

2.4.8. *Effets structuraux*

La lixiviation de minéraux ciblés et d'éléments provenant des roches mères, lors des phases de récupération du minerai, peut altérer de manière importante la micro-texture des grains de stériles et la manière dont ils interagissent. La récupération des substances recherchées laisse des micro-espaces dans les grains de stériles, rendant la surface de ces derniers artificiellement grossière. Cette rugosité microscopique a une incidence sur les propriétés géomécaniques des stériles telles que la résistance au cisaillement et les paramètres de consolidation. Cet effet a été observé lors du traitement de l'alumine et du minerai d'uranium au cours duquel l'enrichissement du minerai fait appel à plusieurs processus chimiques agressifs.

Les stériles altérés, rugueux à l'échelle microscopique, peuvent se comporter comme du sable, bien que les critères de classification décrits plus haut suggéreraient plutôt des matériaux silteux ou argileux. De tels stériles peuvent présenter un angle de friction très élevé et un coefficient de consolidation plus faible que prévu. Les stériles rugueux à l'échelle microscopique peuvent donc former des matrices de particules imbriquées présentant un indice des vides élevé et une forte résistance drainée au cisaillement, mais potentiellement liquéfiable.

2.4.7. *Geochemical Effects*

A key facet of the hydraulic deposition of tailings is that geochemical processes may induce physical changes in the tailings. In sub-aerial deposits, even moderate levels of sulphides or salts in the tailings may lead to the development of a thin chemical crust across exposed surfaces where oxidation or selective precipitation occurs under atmospheric conditions. Such crusts are generally thin and have limited competence where the chemical content is nominal and, if left undisturbed, often result in increased runoff rates as well as acting as a very effective dust suppressant. The chemical layers reduce vertical hydraulic conductivity and will thus affect both the rate of desiccation from the exposed tailings surface and infiltration as subsequent tailings disposal takes place. The most noticeable impact may be the resulting flatter beach slopes and lower deposited densities. Further, in beaches that include a structural function, there is the risk that the shear strength along these chemically altered surfaces may be different from that achieved in laboratory testing. However, the competence of these chemical crusts is, under most circumstances, fragile, and the surface is readily destroyed by vehicles and operators accessing the surface, thus negating the above effects. In extreme cold weather the development of ice lenses in the tailings surface, and the subsequent expansion of the surficial layer, will have a similar effect in destroying the competence of the crust. It is noted that the creation of a chemical crust to act as a dust suppressant is encouraged on some sites by the application of either admixtures or biodegradable oils.

Finally, on large tailings facilities with long deposition rotation times, and for residues with high sulphide contents, prolonged exposure can lead to oxidation of minerals and the development of a "hard pan" across the tailings beach. These surfaces are often hard and compact and are not readily destroyed by vehicular or human access. This may result in a highly laminated deposit comprising alternating bands of extremely hard, chemically induced layers and softer, only partially consolidated, tailings with significant vertical variation in geotechnical properties.

The potential for chemical changes in a tailings deposit and their impact on the geotechnical characteristics of a tailings beach must be considered not only in design but also during closure planning, particularly where non-sulphidic or non-PAG tailings are to be employed as the final cover material.

2.4.8. *Structural Effects*

Leaching of targeted minerals and elements from the parent rock, for purposes of ore recovery, may significantly alter the micro-texture of the individual tailings grains and their interactions. The removal of the targeted substances leaves micro-voids in the tailings grains, which makes the grain surface unnaturally rough. This microscopic roughness influences the geo-mechanical properties of the tailings such as shear resistance and consolidation parameters. This effect has been observed in alumina and uranium industries, where the ore beneficiation includes aggressive chemical processes.

The altered, microscopically rough tailings may exhibit a sand-like behaviour, although the classification tests, described earlier, suggest silty/clayey materials. Such tailings can have a very high friction angle and lower than expected coefficient of consolidation. As a result, the microscopically rough tailings may form high void-ratio matrices of interlocked particles, which are highly resistant to drained shearing, but potentially susceptible to liquefaction.

La micro-texture des grains de stériles peut être étudiée par microscopie électronique à balayage (MEB). Des analyses par MEB devraient être effectuées lorsque le traitement du minerai peut avoir un impact sur la micro-texture des stériles et les résultats peuvent être pris en compte pour la classification des stériles.

Des effets structuraux peuvent également résulter de la dessiccation des stériles, un processus qui peut donner l'apparence d'une sur consolidation.

The micro-texture of the tailings grains can be confirmed by Scanning Electron Microscope (SEM) imaging. SEM should be used where the mineral processing may impact on the tailings micro-texture, as an additional tool for the tailings classification.

Structural effects may also occur due to desiccation which can impart an apparent over consolidation of the tailings.

3. TECHNIQUES DE TRAITEMENT ET DE GESTION DES STERILES

3.1. INTRODUCTION

Dans la plupart des cas, les stériles sont produits lors de l'étape de flottation mise en œuvre pour la séparation des minéraux. La boue de stériles, composée des résidus restant après l'extraction des minéraux, sort de l'usine avec des concentrations en solides variant typiquement entre 15 et 50 %.

La boue de stériles est généralement déversée dans un bassin de stériles par des méthodes de mise en dépôt subaériennes ou subaquatiques qualifiées de « classiques ». Au cours des 20 dernières années, les techniques de déshydratation, de séparation et de ségrégation des stériles ont cependant progressé et sont aujourd'hui largement utilisées. De nouvelles techniques ont également été mises au point pour modifier les propriétés géochimiques des stériles (p. ex., élimination de la pyrite ou des cyanures).

Le présent chapitre a pour objet de décrire les diverses technologies mises en œuvre pour produire et gérer les stériles et la manière dont elles permettent d'assurer le confinement sécuritaire de ces matériaux en facilitant la conception des barrages et des remblais. Les technologies en question concernent l'équipement, la ségrégation des stériles et les méthodes de conception. Les techniques de contrôle de la teneur en eau des boues de stériles vont de la mise en œuvre classique de multiples buses de déversement à diverses autres méthodes basées sur l'utilisation d'hydrocyclones, d'épaississeurs ou de filtres. Les techniques de ségrégation des stériles vont de l'utilisation classique d'hydrocyclones à la mise en œuvre de nouveaux processus en usine et à la séparation des stériles en fonction de leurs propriétés géochimiques. Ces techniques évoluent en réponse aux objectifs de réduction des pertes en eau et d'amélioration des caractéristiques chimiques des stériles (pour réduire leurs impacts environnementaux). La réduction de la quantité d'eau stockée dans une IGR permet de plus d'atténuer les conséquences d'une éventuelle rupture du barrage de stériles.

Les technologies décrites dans le présent bulletin peuvent être mises en œuvre individuellement ou de manière combinée. Ce chapitre a pour objet de décrire le principe de chacune d'entre elles. Leur mise en œuvre peut ensuite être envisagée et appliquée, lorsqu'appropriée, pour la conception et la construction d'un barrage de stériles comme il sera décrit plus loin dans le Chapitre 4 du présent Bulletin.

3.2. MISE EN DÉPÔT PAR BUSES DE DÉVERSEMENT

Les buses permettent de déverser les stériles à partir d'un ou plusieurs points du pipeline de transport et de distribution de la boue installé le long de la crête du barrage ou autour du périmètre de la retenue. La taille et l'espacement des buses sont adaptés au comportement des stériles, à la concentration en solides, au débit, à la configuration recherchée pour la plage et à l'emplacement du bassin de décantation. Sous climat froid, il faut également prendre les mesures nécessaires pour éviter le gel des stériles et le piégeage de l'eau ou de la glace.

3. TAILINGS TECHNOLOGIES

3.1. INTRODUCTION

In most cases, tailings are produced from a flotation process used for minerals separation. The tailings slurry, which is the remaining waste following the extraction of the minerals, exits the processing plant at slurry concentrations typically ranging from 15% to 50% solids concentration.

The tailings slurry is typically discharged at a tailings dam using subaerial or subaqueous deposition methods, which are referred as conventional slurry disposal. Over the last 20 years, the use of tailings dewatering, separation and segregation technologies have been further developed and are currently in wide use. Technologies have also been developed to modify the geochemical characteristics of the tailings (e.g., removal of pyrite or cyanide).

This section describes the various technologies used to produce and manage tailings and how these technologies support the safe containment of tailings and the design of containing dams/ embankments. The range of technologies includes equipment, tailings segregation, and design methods. The technologies for control of the water component of tailings slurry range from the historical use of spigotting towards the continuum of reducing the water content with cyclone, thickener and filtration equipment. Segregation of tailings ranges from the conventional use of cyclones, to the application of mill processing alternatives, to the separation of tailings based on geochemical properties. The evolution and application of technologies is evolving in response to objectives to reduce the water losses and improve the chemical characteristics (reduce the potential environmental impact). In addition, reducing the amount of water stored in the TSF reduces the consequences of a tailings dam failure.

The technologies described in this Bulletin may be used independently or combined, and the objective of this section is to describe the basis of each technology. The application of the technologies may then be considered and applied appropriately to the design of a tailings dam, as further considered in Section 4 of this Bulletin.

3.2. SPIGOTTING

Spigotting describes the discharge of tailings from single or multiple locations from the slurry distribution pipeline, which is placed along the dam crest and/or around the perimeter of the impoundment. The size and distance between the spigots are designed depending on the tailings behaviour, solids concentration, flow rate, and desired beach configuration and decant pond location. Special considerations are also required in cold climates to avoid freezing of tailings and water/ice entrapment.

La conception des buses de déversement est particulièrement importante pour la construction des digues de barrages de stériles construits selon la méthode amont, pour lesquelles il est nécessaire de provoquer la ségrégation des stériles le long de la plage de manière à obtenir une zone bien drainée et bien consolidée en bordure de la pente externe du barrage. Le nombre et la taille des buses opérationnelles doivent être optimisés pour faire en sorte que la vitesse de sortie de la boue déversée sur la plage soit suffisamment faible pour permettre la ségrégation des stériles, c'est-à-dire que les particules les plus lourdes soient déposées près du lieu de dépôt et que les particules les plus fines soient transportées plus loin sur la plage. Il est préférable que les boues mises en dépôt présentent de faibles concentrations en solides (< 50 %) afin de faciliter la ségrégation des stériles. Les boues riches en solides peuvent donner lieu à des écoulements de type non newtonien qui limitent considérablement la ségrégation des stériles.

La plage en formation a une forme concave, présente des pentes plus abruptes près du point de déversement et s'aplanit en s'éloignant de celui-ci. Les pentes abruptes formées à proximité du point de déversement grâce à la disposition adéquate des buses forment la revanche nécessaire en cas de crue, en particulier pour les petits barrages de stériles pour lesquels la longueur de la plage est limitée.

La Figure 3.1 montre un exemple de déversement par buses sur un barrage de stériles construit selon la méthode amont. La disposition des buses vise à favoriser la ségrégation des stériles et le développement de la plage.

Figure 3.1
Déversement par buses disposées le long du conduit de distribution
(McLeod et Bjelkevik, 2017)

Design of the spigots is particularly important for the construction of upstream tailings dams, where segregation of the tailings slurry along the beach is required to develop a well-drained, well-consolidated zone close to the outer dam slope. The number and size of operational spigots is controlled to ensure that the flow velocity of the slurry on the beach is low enough to allow the heavier (coarser) particles to settle out close to the point of deposition, while the finer particles are carried further out onto the beach, i.e., to achieve tailings segregation. Deposition of slurry with lower solids concentration e.g., <50% solids concentration, is preferred to encourage tailings segregation. Slurries with high solids concentration may form Non-Newtonian flow and show limited segregation.

The beach that develops is concave in profile, with steeper slopes near the point of deposition and flattening out with distance from the point of discharge. The steep beach slopes close to the point of deposition - created by spigotting - create flood freeboard, particularly on smaller tailings dams, where beach length is limited.

Figures 3.1 shows an example of spigots at upstream tailing dams that are designed to promote tailing segregation and beach development.

Figure 3.1
Spigotting via apertures in the distribution pipe (McLeod and Bjelkevik 2017)

Figure 3.2
Système de déversement ponctuel sur flotteurs dans une retenue de stériles fins
(Photo avec l'aimable autorisation de D. Grant Stuart)

Le choix du diamètre des buses doit permettre d'éviter que la vitesse d'impact du jet de boue sur la plage ne creuse de sillons dans lesquels les matériaux déjà déposés auraient tendance à être emportés. La vitesse de déversement des boues est généralement limitée à des valeurs comprises entre 0,5 et 1 m/s. Les buses doivent être suffisamment rapprochées pour créer une plage uniforme sans monticules entre les points de dépôt afin d'éviter la formation de zones de stagnation et d'accumulation des stériles fins dans la zone périphérique de la plage constituée de débris grossiers. L'espacement et le nombre de buses opérationnelles peuvent être ajustés pour obtenir des épaisseurs de couche spécifiques sur une période déterminée. La mise en œuvre d'un nombre élevé de buses produit des pentes de plage localement plus abruptes que celles formées par un nombre moindre de buses de plus gros calibre et plus espacées qui déversent les boues à plus gros débit. La mise en dépôt par rampe d'aspersion est une variante de celle utilisant des buses. Les rampes d'aspersion sont une version raffinée des dépôts par buses. Elles sont équipées de buses disposées très près les unes des autres pour déverser la boue en l'aspergeant sur la crête de la plage et dissiper l'énergie. Cette technique favorise une décantation rapide des particules grossières et une bonne ségrégation des stériles le long de la plage. L'utilisation de rampes d'aspersion facilite le développement de plages uniformes et réduit le risque de les voir s'éroder.

Le déversement à tube ouvert consiste à déverser la boue à l'extrémité d'un seul conduit de distribution ou d'un petit nombre de tels conduits. Cette méthode est souvent mise en œuvre lorsque le développement d'une plage n'est pas critique pour la conception du barrage, comme dans le cas d'une construction suivant la méthode centrale ou la méthode aval. Elle est aussi appliquée en hiver, sous les climats froids, le flux concentré des boues, plus important, réduisant le risque de gel des stériles sur la plage. Dans ces circonstances, la boue est déposée par buses à partir du barrage durant la saison chaude pour développer la plage et une revanche suffisante puis le déversement à tube ouvert est mis en œuvre durant la saison froide à un endroit ou l'eau est plus profonde.

3.3. CYCLONAGE

L'objet du cyclonage est de séparer les particules grossières des particules fines dans la boue de stériles. La fraction grossière (« sable ») est généralement utilisée pour la construction des remblais. Dans certains cas, ce sable est en stockage dans d'autres installations ou utilisé comme remblai minier. Le cyclonage peut aussi être utilisé pour « laver » la boue et la débarrasser de certains produits chimiques dans le cadre du traitement.

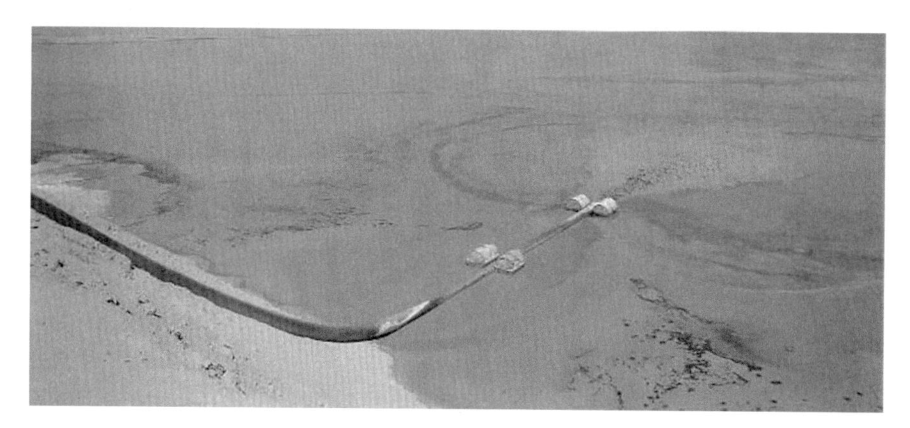

Figure 3.2
Single point spigot with floating device in a fine tailings impoundment
(photo courtesy of D. Grant Stuart)

The selection of the spigot diameter should consider the flow velocity on the beach to avoid formation of channels, which wash away previously deposited materials. Limiting velocity of the discharge is generally considered to be between 0.5 m/s and 1 m/s. The spigot spacing should be close enough to create a uniform outer beach zone without mounding between deposition points, as this could result in ponding and formation of lenses of fine tailings in the coarser outer beach zone. Spigot spacing and number of operational spigots can be manipulated to produce specific layer thicknesses for a given cycle time. The use of more operational spigots results in locally steeper beach slopes than the use of fewer, large diameter spigots that deposit a high energy stream of slurry at wider-spaced deposition points. Spray bar deposition is a variation of spigot deposition. Spray bars are a refinement of spigot deposition, which make use of closely spaced spigots to spray the slurry onto the head of the beach and dissipate energy, allowing rapid settling-out of the coarser particles and segregation of the tailings along the beach. The use of spray bars facilitates the development of uniform beach and reduces the risk of erosion of the beach.

Open-end deposition is discharge from the end of one or a few tailings distribution pipes. This method is often practiced when the development of a beach is not critical to the design of the dam, such as in centerline or downstream construction methods. It is also applied in the winter in cold climates where the larger, concentrated flow reduces the risk of freezing the tailings on the beach. In such cases, spigotting is practiced during the warmer months from the dam to develop a beach and sufficient freeboard, and open-end discharge is practiced during the colder months in an area of deeper water depth.

3.3. CYCLONING

The purpose of the cycloning is to separate the coarse particles from the fine particles in the tailings slurry. The coarse portion (sand) is commonly used for embankment construction. In some cases, the sand is used for sand stacking in a separate facility, or for mine backfill. Cycloning can also be used to "wash" the slurry and remove chemicals as part of the processing.

Le cyclonage des stériles a été développé dans les années 1960 pour les mines de cuivre porphyrique à gros tonnage et ce type de traitement continue d'être un élément important des barrages de stériles. Les sables d'hydrocyclone sont d'excellents matériaux pour la construction des remblais et leur faible teneur en fines fait qu'ils possèdent généralement une conductivité hydraulique élevée et restent non saturés. Les hydrocyclones utilisent le principe de la force centrifuge. Les stériles sont introduits dans le diaphragme, les particules grossières sont alors dirigées vers la buse située à la base de l'hydrocyclone tandis que les particules fines sortent par le haut (Figure 3.3). Les hydrocyclones ont diverses formes et différentes tailles et peuvent être mis en œuvre isolément ou groupés. La sélection d'un hydrocyclone doit se faire en fonction du type de stériles à traiter, des conditions qui prévalent sur le site ainsi que des modèles et des fournisseurs disponibles.

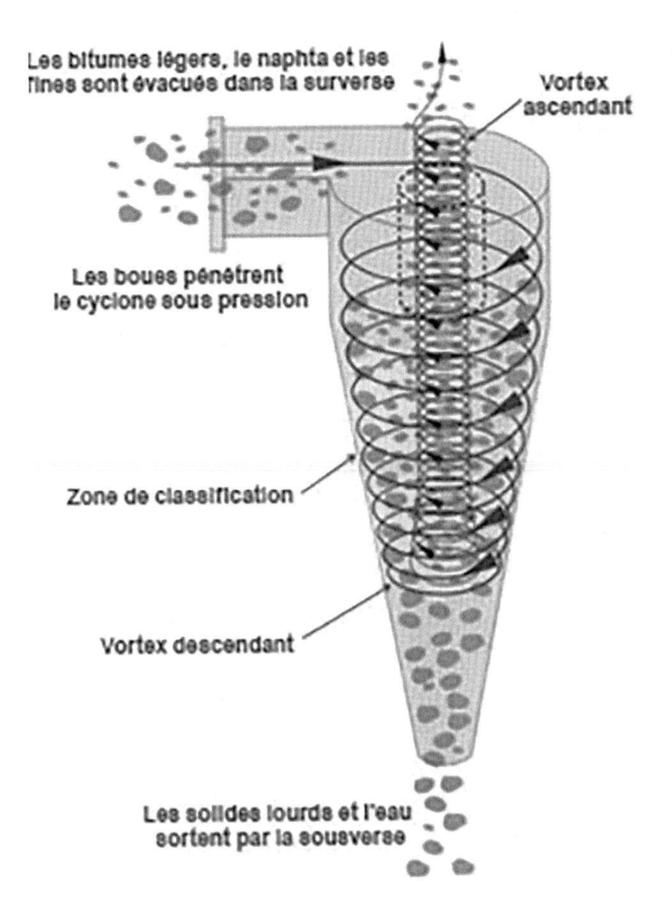

Figure 3.3
Vue schématique d'un hydrocyclone (Cyclone Apex, [n.d.])

Cycloning of tailings was developed in the 1960s for the large-tonnage porphyry copper mines and continues to be a major component of tailings dams. Cyclone sand is an excellent embankment construction material and, due to its low fines content, it usually has high hydraulic conductivity and is typically maintained in an unsaturated state. Cyclones work on the principle of centrifugal action—tailings feed is delivered to the vortex finder and the coarser particles are directed to the spigot at the base of the cyclone and the finer particles overflow from the top (Figure 3.3). Cyclones come in a variety of shapes and sizes and can be operated singly or in banks of numerous cyclones. Cyclone selection depends on the tailings type, site conditions and the available suppliers and types of cyclones.

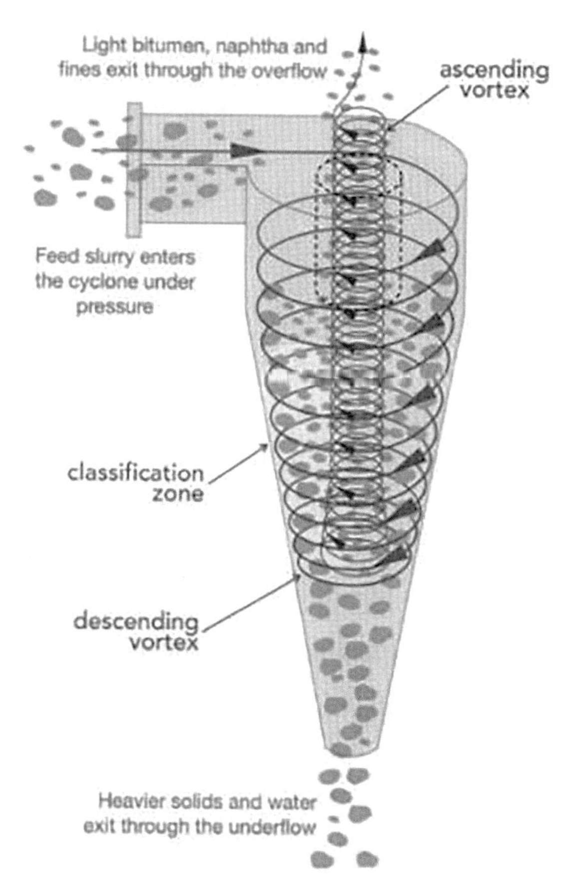

Figure 3.3
Schematic of hydraulic cyclone (Cyclone Apex. [n.d.])

Les hydrocyclones sont conçus pour produire du sable ayant des caractéristiques particulières, dont la plus commune est une teneur en particules inférieure à 63-75 μm au sein de la portion sableuse, bien que de récentes études suggèrent qu'un seuil de 41 μm serait plus représentatif de la performance des hydrocyclones. Les hydrocyclones de petit diamètre séparent généralement plus distinctement les sables des silts, mais il faut faire un compromis pratique entre le nombre et la taille des cyclones. Les caractéristiques recherchées pour le sable varient d'un projet à l'autre en fonction des conditions du site, du drainage, de la densité et de la résistance requises et de la méthode utilisée pour le dépôt du sable. La teneur en solides de la boue à l'entrée de l'hydrocyclone doit typiquement être inférieure à 50 %, car celui-ci est plus efficace lorsque cette teneur est faible. Le type d'hydrocyclone choisi dépendra des caractéristiques des stériles, de la teneur en solides de la boue entrante et de la quantité de sable requise pour monter les remblais parallèlement au remplissage de la retenue. La quantité de sable requise est habituellement exprimée en termes de pourcentage de sable récupéré (pourcentage de sable dans la masse totale des stériles injectés dans l'hydrocyclone). Dans certains cas, lorsque le barrage de stériles a une géométrie efficace (volume de la retenue/ volume des remblais) ou que les stériles sont grossiers, il se peut qu'une fraction seulement des stériles doive être hydrocyclonée pour produire le sable nécessaire à la construction des remblais.

Le bien-fondé de la mise en œuvre d'hydrocyclones pour la construction d'un barrage dépend des exigences en matière de drainage et/ou de compactage des stériles afin d'assurer la stabilité statique et sismique. Les barrages en sables d'hydrocyclone ont toujours été largement utilisés partout dans le monde pour l'exploitation à gros tonnage des gisements de cuivre porphyrique. La sélection du système hydrocyclonique doit prendre en considération les facteurs suivants :

- Types de stériles : L'efficacité de l'hydrocyclone dépend de la fraction argileuse des stériles. Les argiles peuvent par exemple provenir de stériles de roches altérées. Dans ce cas, il sera peut-être nécessaire d'utiliser des hydrocyclones-laveurs, dans lesquels un jet d'eau sous pression est introduit dans l'hydrocyclone pour améliorer le rendement. L'hydrocyclonage en plusieurs étapes est également utilisé pour obtenir la granulométrie de sable désiré. Les stériles de granulométrie uniforme se prêtent mieux à l'hydrocyclonage et il n'est généralement pas faisable d'hydrocycloner des stériles fins.

- Conductivité hydraulique : La conductivité hydraulique dépend directement du pourcentage de fines dans la sousverse de l'hydrocyclone, un pourcentage qui est lié au taux de récupération du sable. Un faible taux de récupération peut donner un sable plus perméable, mais il faut tenir compte des besoins en matériau de construction pour le barrage. La teneur en fines dans la sousverse de l'hydrocyclone est généralement spécifiée à 20 % ou moins, mais des teneurs supérieures ont été utilisées avec des stériles grossiers. Une teneur en fines inférieure à 15 % est typiquement requise pour les sables destinés à être compactés, ou si le sable doit pouvoir être drainé rapidement.

- Teneur en fines : Une faible teneur en fines peut parfois être atteinte plus efficacement en utilisant un hydrocyclonage en deux étapes. Un tel système peut offrir en plus la possibilité d'installer le premier hydrocyclone en dehors du barrage et d'envoyer par pompage ou par gravité sa sousverse une fois diluée vers le second hydrocyclone qui peut être installé sur le barrage.

- Variations au niveau du minerai et du broyage : Une éventuelle variabilité du circuit de broyage ou de la teneur en argiles ou de la granulométrie des stériles peut diminuer l'efficacité des hydrocyclones et il peut être nécessaire, dans ce cas, de faire appel à des systèmes plus robustes qui ne sont pas affectés par ce type de variations.

- Simplicité mécanique et opérationnelle : Les systèmes d'hydrocyclones doivent être conçus de manière à être suffisamment flexibles, d'un emploi et d'un transport aisés, et permettre le cas échéant le compactage des boues de sousverse. Les coûts d'exploitation et d'entretien sont également d'importants facteurs.

Cyclones are designed to produce sand with specific characteristics, the most common of which is the percent particles smaller than 63 μm to75 μm in the separated sand portion, although recent works suggests that the 41 μm size may be more representative of cyclone performance. Typically, smaller diameter cyclones produce a more distinct split between sands and silts, although there is a practical trade-off between the number and size of cyclones. The specific requirements for the sand vary from project to project, depending on the site conditions, drainage, density/strength requirements, and sand placement method. The feed slurry concentration should typically be less than 50% as the cyclone is more efficient at lower percent solids feed. The design of the cyclone system depends upon the whole tailings characteristics, percent solids of the tailings slurry feed, and the quantity of sand required for building the embankment ahead of filling the impoundment. The required sand quantity is usually expressed in terms of percent underflow recovery (percent sand of the total tailing subjected to cycloning). In some cases, where the tailings dam has a high efficiency ratio (volume of the impoundment/volume of the embankment), and/or the tailings stream is coarse, only a fraction of the total tailings stream may need to be cycloned to produce sufficient underflow sand for construction of the embankment.

The application of cyclones for dam construction is influenced by the requirements to assure drainage and/or to allow compaction of the tailings for static and seismic stability. Cyclone sand dams have been, and continue to be, used extensively in the large-tonnage copper porphyry deposits worldwide. The selection of the cyclone system is influenced by factors including the following:

- Type of tailings: The efficiency of the cyclone is influenced by the clay fraction of the tailings that may be associated with, for example, altered rock tailings. In this case the use of cyclo-wash cyclones, which introduce a pressurized water flow into the cyclone to improve efficiency, could be required. Multistage cycloning is also used to achieve the desired gradation. Well-graded tailings are more amenable to cycloning, and it is generally not practicable to cyclone finer tailings.

- Hydraulic conductivity: The hydraulic conductivity is directly influenced by the percentage of fines in the cyclone underflow, which is related to the % recovery of sand from the cyclone. A lower sand recovery can achieve a more permeable sand, however, this needs to be balanced against the construction material requirements for the dam. The specification of the % fines in the cyclone underflow vary up to 20% fines, although higher allowable fines content has been used in coarse tailings. Fines contents of <15% are typically required if the sand is to be compacted, or if timely drainage of the sand is required.

- Fines content: A lower fines content may be more efficiently achieved with the use of two-stage cycloning. This may also provide an opportunity for having the first-stage cyclone station located off the dam, with the first-stage underflow then diluted and pumped/piped to second-stage cyclones, which could be located on the dam.

- Ore and grinding variations: Variations in the consistency of the grinding circuit, or in the variability in the clay content or gradation of the tailings, decreases the efficiency of the cyclone system and may require a more robust system to accommodate the variability.

- Mechanical and operational simplicity: Cyclone systems need to consider the operational flexibility associated with operating and moving cyclones, transporting, and, if required, compacting the underflow slurry. Additionally, labour and maintenance aspects, and cost, are important.

De nombreuses versions de systèmes d'hydrocyclones ont été mises en œuvre dans le monde entier et continuent à être améliorées en vue d'optimiser leurs performances. Des exemples de deux systèmes différents utilisés pour les barrages construits suivant la méthode centrale sont illustrés sur les Figures 3.4 et 3.5. La mise en œuvre des matériaux issus de la sousverse de l'hydrocyclone dans le talus aval du barrage a par exemple été réalisée à l'aide des méthodes suivantes :

- Déversement direct de la sousverse sur le parement du barrage sans distribution mécanique ni compactage. Pour des hauteurs de barrage importantes, cette méthode peut nécessiter une distribution mécanique, la pente des stériles augmentant avec la hauteur du barrage. Les pentes obtenues vont de 25 % pour les barrages bas à jusqu'à 50 % pour les barrages élevés.

- Déversement de la sousverse dans des « cellules » situées sur le talus aval du barrage. Les stériles sont compactés au bulldozer ou à l'aide de compacteurs, et l'eau en excès est décantée vers le pied du barrage puis recyclée.

- Déversement sur le talus aval avec distribution par gravité ou par assistance mécanique suivi d'un compactage au bulldozer, au rouleau ou à l'aide d'engins à pneus.

Figure 3.4
Hydrocyclones secondaires installés sur plateformes mobiles sur la crête d'un barrage et sables d'hydrocyclone compacté en cellules sur le talus aval (McLeod et Bjelkevik, 2017)

Numerous variations of cyclone systems have been applied worldwide and continue to evolve to optimize performance. Examples of two different systems used for centerline dams are shown on Figure 3.4 and Figure 3.5. The placement of cyclone underflow in the downstream slope of the dam has been carried out, for example, with the following methods:

- Direct discharge of the underflow onto the dam face without mechanical distribution or compaction. At high dam heights, this method may require mechanical distribution, as the slope of the tailings increases as the dam height increases. Underflow slopes typically range from 4H:1V for low dams up to 2H:1V for higher dams.

- Discharge of the underflow into "cells" located on the downstream slope of the dam. Tailings are compacted with dozers or compactors, and excess water is decanted towards the toe of the dam and recycled.

- Discharge onto the face of the downstream slope with both gravity and mechanical distribution and compaction with dozers, rollers or farm (rubber tired) equipment.

Figure 3.4
Secondary stage cyclones located on moveable skids on a dam crest and cyclone sand compacted in cells on the downstream slope (McLeod and Bjelkevik 2017)

Figure 3.5
Exemple d'hydrocyclonage à distance du barrage, avec distribution par buses sur le barrage et épandage et compactage sur le talus aval (photo avec l'aimable autorisation de T. Alexieva)

Les sousverses d'hydrocyclone utilisées pour la construction de remblais en amont du barrage doivent être perméables afin qu'une consolidation adéquate puisse s'effectuer entre deux déversements. Un barrage construit à l'aide de sousverses d'hydrocyclone devrait être environ 100 fois plus perméable que les matériaux fins trouvés sur ses plages. Les sousverses d'hydrocyclones dispersées hydrauliquement peuvent être empilées pour former un tas ne nécessitant aucune autre manipulation ni aucun compactage une fois drainé. La Figure 3.6 montre des monticules typiques formés de sousverses d'hydrocyclone.

Figure 3.6
Sousverses d'hydrocyclone – construction d'un barrage suivant la méthode amont (photo avec l'aimable autorisation de D. Grant Stuart)

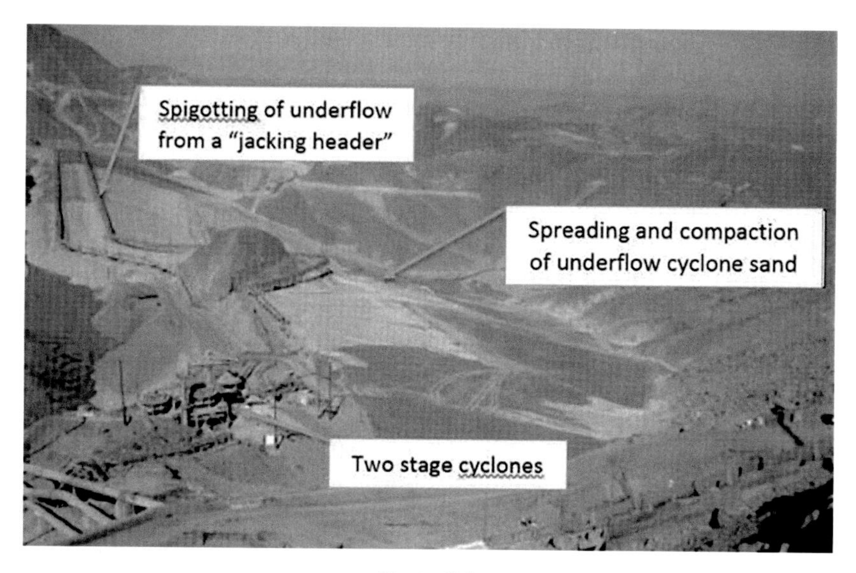

Figure 3.5
Example of off dam cycloning, spigot distribution on dam and downslope spreading and compaction (photo courtesy of, T.Alexieva)

Cyclone underflow used for upstream dam building should be free draining to ensure that adequate consolidation occurs before the next lift is placed on it. Typically, a dam constructed with cyclone underflow should be about 100 times more permeable than the fine beach material. Hydraulically placed cyclone underflow could be stacked into a self-building heap that may not require any further material handling or compaction once it has drained. Typical cyclone underflow mounds are shown on Figure 3.6.

Figure 3.6
Cyclone underflow – upstream dam construction (photo courtesy of D. Grant Stuart)

Les densités atteintes après compactage des stériles provenant d'hydrocyclones dépassent souvent la densité maximale déterminée par l'essai Proctor standard, en partie à cause de l'effet des gradients de drainage interne. Lorsqu'aucun drainage interne n'intervient, comme à la base d'un barrage au début de sa construction, il peut être nécessaire de compacter les sables d'hydrocyclone. Le sable doit généralement être compacté lorsqu'il est situé sous le niveau de la nappe phréatique et qu'il est donc potentiellement liquéfiable. Le sable situé au-dessus de la nappe phréatique est généralement saturé à 50 % et donc peu susceptible de se liquéfier.

3.4. ÉPAISSISSEMENT

3.4.1. Introduction

L'épaississement est utilisé depuis le milieu des années 1990 pour améliorer la récupération de l'eau présente dans les flux de stériles. Il consiste à récupérer une partie de l'eau de procédé au niveau de la surverse de l'épaississeur afin de la recycler dans l'usine, les stériles épaissis en sousverse étant déversés dans l'IGR.

L'épaississement des stériles dans des réservoirs en acier de grand diamètre permet d'accélérer la décantation des solides. La vitesse de décantation et la densité des matériaux en sousverse dépendent de l'équipement, des floculants utilisés, du type de stériles et de la limite d'élasticité atteinte à l'issue de l'épaississement. C'est ce qu'illustre la Figure 3.7 pour différents types de stériles et différentes techniques d'épaississement.

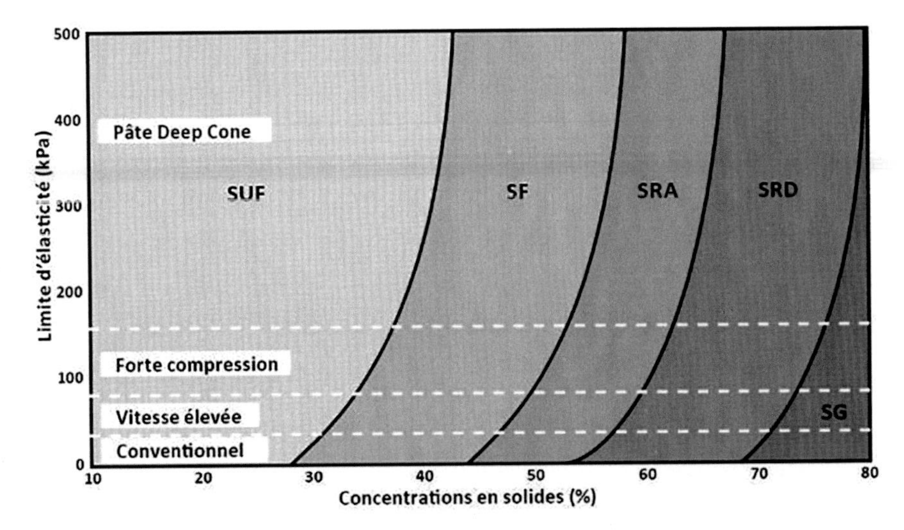

Figure 3.7
Domaine de limite d'élasticité en fonction de la concentration en solides (%) pour différents types de stériles et différentes techniques d'épaississement

La densité des boues de stériles non épaissies peut varier de manière importante en fonction du type de minerai et des méthodes utilisées pour son traitement. Pour la plupart des mines de métaux, la densification des stériles traités est poussée jusqu'à des concentrations en solides comprises entre 20 et 30 %, bien qu'un épaississement des boues jusqu'à obtention d'une concentration en solides de 50 % immédiatement en sortie d'usine à l'aide d'épaississeurs classiques soit devenu pratique courante au cours des dernières décennies. L'augmentation de la densité des stériles dépend en grande partie de leurs caractéristiques : les stériles fins présentant une plasticité élevée sont plus difficiles à épaissir que les stériles grossiers, non plastiques.

Compaction densities achieved for cyclone tailings often exceed 100% standard proctor density, partly due to effects of downward seepage gradients. Where seepage gradients do not exist, such as the base of a dam at the start of construction, placement of cyclone sand as compacted earth fill may be required. Sand should typically be compacted where it may be below the water table and potentially liquefiable. Sand above the water table is typically 50% saturated and not prone to liquefaction.

3.4. THICKENING

3.4.1. Introduction to Thickening

Thickening has been used to improve water recovery from tailings streams since the mid 1990s. Thickening involves the recovery of a portion of the process water as overflow from the thickener for recycling through the plant, with the thickened underflow tailings reporting to the TSF.

The thickening process accelerates settling of the tailings solids with the use of large-diameter steel tanks. The rate of settling and the underflow density achieved is dependent on the equipment, flocculant selections, type of tailings and the yield stress achieved in the thickening process. This is illustrated on Figure 3.7 for different tailings types and thickening technologies.

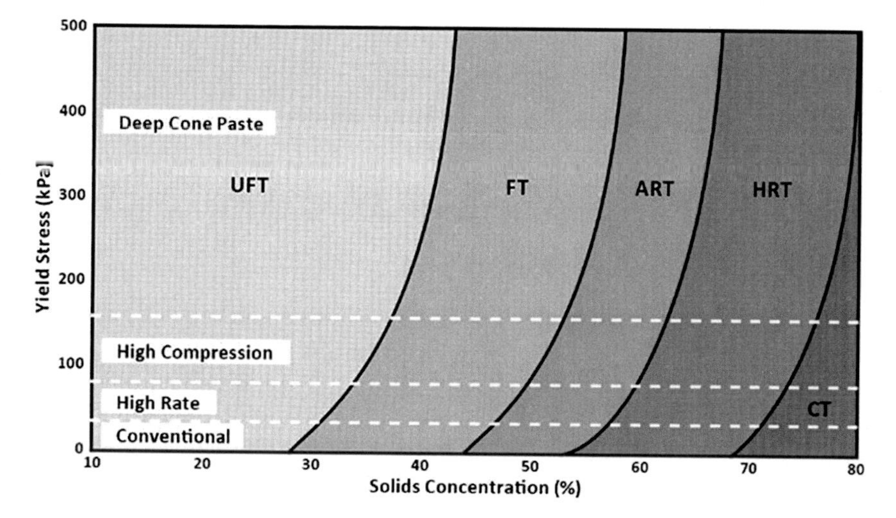

Figure 3.7
Yield stress ranges versus solids concentration (%) for tailings types and thickener technologies

The density of un-thickened tailing slurry can vary significantly depending on the type of ore and the processing methods. For most metal mines, the density of the processed tailings is typically on the order of 20% to 30% solids concentration, although thickening the tailings slurry to 50% immediately after exiting the processing plant, using conventional thickeners, has become a common practice over the last few decades. The increase in the tailings density depends, to a large extent, on the tailings characteristics: finer tailings with high plasticity are more difficult to thicken than coarser, non-plastic tailings.

Au cours des vingt dernières années, toute une gamme de nouveaux épaississeurs est devenue disponible et les techniques d'épaississement se sont améliorées. Un taux de densification, une compression et des densités élevés associés à l'utilisation d'épaississeurs donnant des pâtes peuvent permettre d'atteindre des concentrations en solides comprises typiquement entre 55 et 70 %. La Figure 3.8 est une photographie d'un dépôt de stériles épaissis.

Figure 3.8
Dépôt de stériles épaissis. (Photo avec l'aimable autorisation de A. Bjelkevik)

L'épaississement permet d'augmenter le taux de récupération de l'eau utilisée dans l'usine de traitement et de diminuer la quantité d'eau à gérer et à récupérer dans l'IGR. La figure 3.9 montre les volumes d'eau relatifs récupérés dans l'usine selon plusieurs niveaux d'épaississement par rapport au volume d'eau géré dans l'IGR.

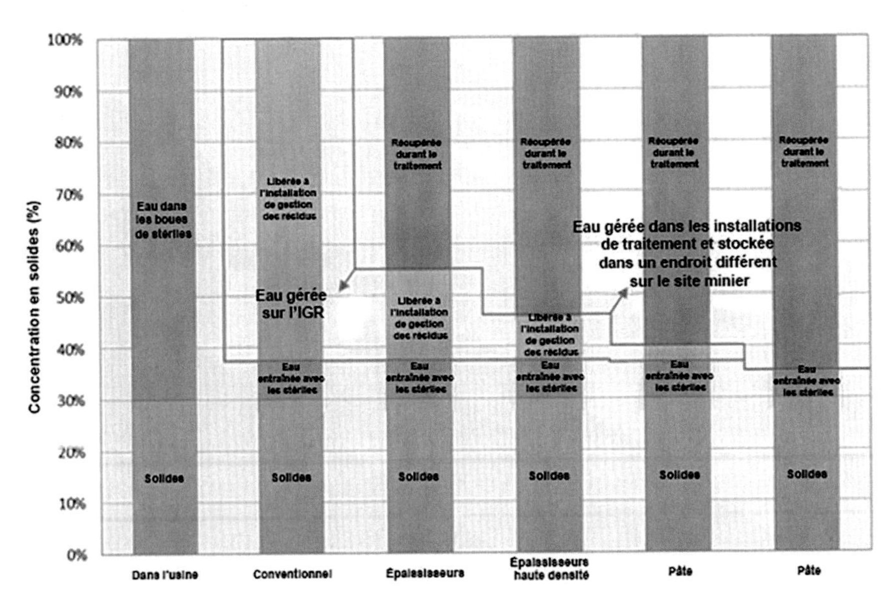

Figure 3.9
Comparaison des divers taux de récupération de l'eau obtenus avec différentes techniques de déshydratation (Klohn Crippen Berger 2017)

Over the last couple of decades, a range of new thickeners have become available and the thickening technology has improved. High rate, high compression, high density and paste thickeners may achieve solid concentrations typically between 55% and 70%. A photo of thickened tailings discharge is shown on Figure 3.8.

Figure 3.8
Photo of thickened tailings disposal (photo courtesy of A. Bjelkevik)

The thickening process increases the water recovered in the process plant, versus the water to be managed and recovered in the TSF. Figure 3.9 illustrates the relative volume of water that is recovered from the process plant from various levels of thickening, and that water which is managed in the TSF.

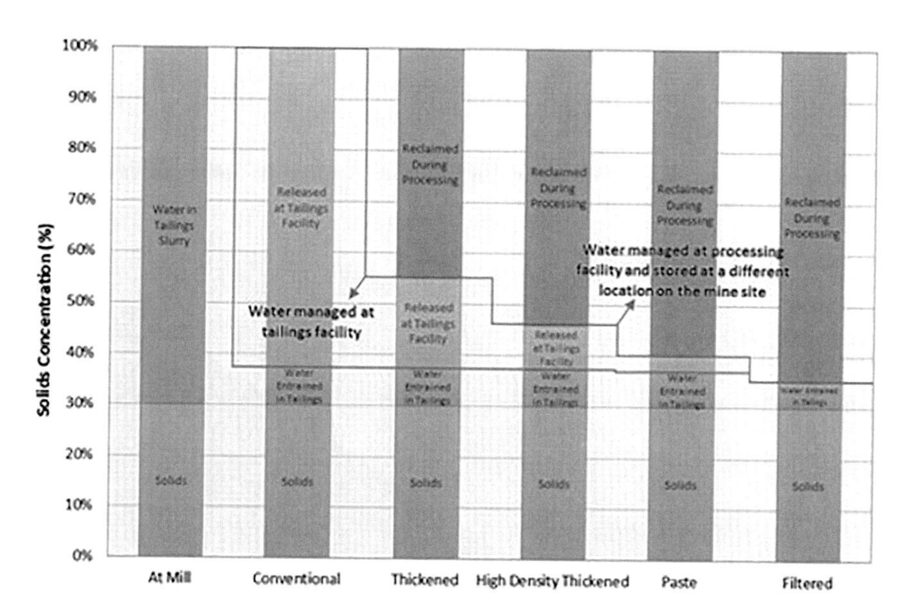

Figure 3.9
Comparison of water recovery for tailings dewatering technologies (Klohn Crippen Berger 2017)

L'épaississement des stériles présente notamment les avantages suivants :

- Une quantité plus grande d'eau est récupérée dans l'usine, ce qui réduit les besoins de pompage des boues vers l'IGR ainsi que les besoins de pompage pour le transport de l'eau récupérée au barrage vers l'usine.

- Dans les milieux désertiques, où les pertes en eau constituent un facteur important, l'épaississement des boues à l'intérieur de l'usine permet de réduire les efforts visant à minimiser les pertes par évaporation qui surviennent dans l'IGR.

- Le volume d'eau stocké dans l'IGR peut être plus faible grâce à une sédimentation plus rapide des solides contenus dans les stériles.

- La pente des plages peut être légèrement plus forte, en particulier sur de courtes distances (inférieures à 300 m; voir la Figure 2.15), ce qui permet de stocker les stériles au-dessus du bassin de récupération des eaux de procédé ou d'avoir des digues de moindre hauteur dans le cas de bassins avec déversement central.

- Si les stériles sont épaissis jusqu'au seuil de densité où leur ségrégation ne peut plus s'effectuer (ou est réduite), la masse des stériles présentera une conductivité hydraulique plus uniforme, ce qui peut être bénéfique pour le contrôle des suintements.

Il faut cependant tenir compte au cas par cas de l'incidence de chaque phase de l'épaississement, car celui-ci peut également avoir des impacts négatifs, notamment :

- Les stériles se consolident naturellement en se transformant en pâte dans les jours qui suivent leur dépôt dans l'IGR et continuent ensuite à se densifier. Il se peut donc que les avantages d'un épaississement artificiel ne compensent pas les coûts et l'énergie associés à un tel procédé.

- Le temps de séjour nécessaire à l'atténuation des métaux et des non-métaux peut diminuer le rendement de l'usine ou nécessiter un apport supplémentaire d'eau.

- Il est nécessaire de prévoir l'aménagement d'installations supplémentaires pour le stockage de l'eau afin de garantir la capacité d'approvisionnement en eau requise pour l'usine et la capacité de gestion des crues.

- L'avantage d'un épaississement le plus avancé possible – jusqu'à l'obtention d'une pâte – peut devenir mineur sous climat humide, lorsque la gestion des eaux de ruissellement nécessite l'aménagement d'importants ouvrages de contrôle des eaux, quel que soit le degré d'épaississement des stériles.

3.4.2. Processus d'épaissement

Le processus d'épaississement est souvent décrit comme la transition entre trois domaines de sédimentation :

1. La « sédimentation libre » qui domine lorsque l'espacement entre les particules est suffisant pour permettre à celles-ci de se déposer sans interagir entre elles.

2. La « sédimentation entravée » qui prévaut lorsque les particules sont suffisamment concentrées pour interagir entre elles et se déposer à une vitesse qui dépend de la concentration en solides.

3. La « compression ou le compactage » qui intervient lorsque les particules sont en contact permanent les unes avec les autres, et qu'elles sont donc soutenues par les particules situées en dessous et « chargées » par celles situées au-dessus.

Thickening of tailings has some advantages that broadly include the following:

- Water recovery is increased at the process plant, which reduces the pumping requirement to the TSF, as well as the pumping requirements for transporting reclaim water back to the process plant.

- In desert environments, where water loss is an important consideration, thickening in the process plant reduces the requirements for minimizing the evaporation losses that occur in the TSF.

- The volume of water stored in the TSF can be smaller due to a lower time required for settling of tailings solids.

- Beach slopes can be slightly steeper, particularly over short distances (e.g., less than 300 m (see Figure 2.15)), which provides opportunities for storage of tailings above the process water pond elevation or, in the case of central discharge ponds, allows for a lower retaining dam height.

- If the tailings are thickened to a density where they become non-segregating (or have reduced segregation), the tailings mass will have a more uniform hydraulic conductivity, which can be beneficial for seepage control.

However, the incremental benefit of the various stages of thickening need to be carefully considered for each site, as there are also negative factors for thickening that may be apparent and could include:

- Tailings naturally consolidate to a paste tailings density within days after deposition in the TSF and continue to consolidate with time to higher densities. Accordingly, the cost of thickening and energy consumption may not offset the benefit

- The residence time required for attenuation of metals and metalloids may decrease mill efficiency or require additional fresh water supply.

- The requirement for additional water storage facilities for both guarantee of process supply and for flood management.

- The incremental benefits of thickening versus high density thickening or paste may be diminished in wet climates where safe management of rainfall runoff may require substantial water control structures, regardless of the degree of tailings thickening.

3.4.2. Thickening Process

The thickening process is often described as a transition between three zones:

1. "Free Settling" Where the particle spacing is sufficient to allow the particles to settle independently of each other.

2. "Hindered Settling" Where the particles have become concentrated enough that they begin to interact and settle at a rate that is a function of the solids concentration.

3. "Compression or Compaction Zone" Where the particles are in full contact with adjacent particles and are supported by the particles below them and loaded by the particles and fluid above them.

La Figure 3.10 présente ces trois domaines, comme on les observe s'étageant de haut en bas, de l'entrée à la sousverse d'un épaississeur à très haut rendement. Les mêmes principes s'appliquent à d'autres types d'épaississeurs, même si leur géométrie et leur système d'entraînement mécanique diffèrent.

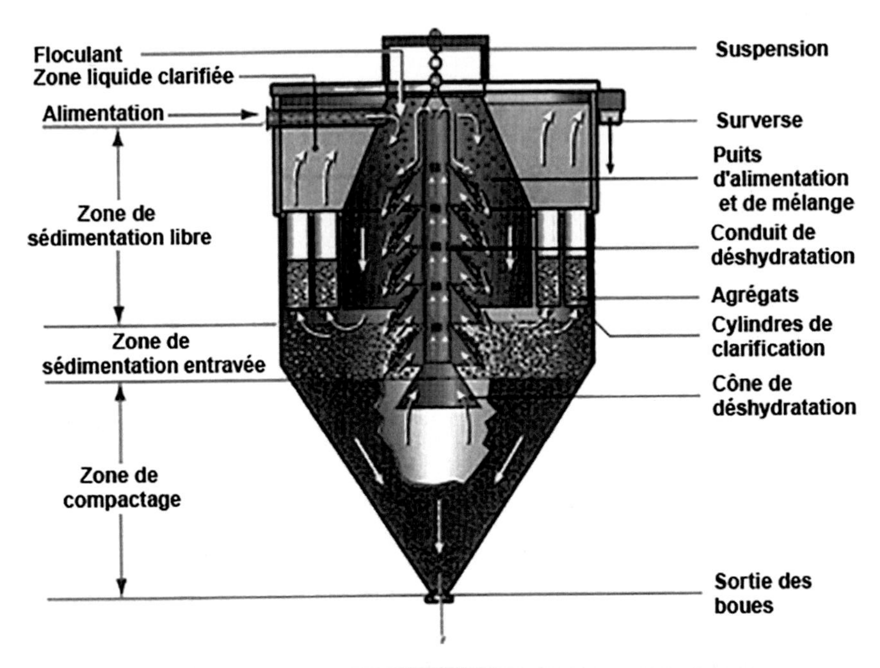

Figure 3.10
Schéma de fonctionnement d'un épaississeur à très haut rendement montrant les trois domaines d'épaississement (EIMCO E-CAT)

Les épaississeurs fonctionnent en maintenant, dans la zone de sédimentation libre, une vitesse de déposition des solides supérieure à la vitesse de migration vers le haut du liquide surnageant. Si la vitesse de migration vers le haut – la « vitesse d'ascension » (ou « vitesse ascensionnelle ») – devient trop élevée, les solides sont évacués de l'épaississeur par le haut. Après avoir traversé les zones de sédimentation (libre et entravée), les solides entrent dans la zone de compression, dans laquelle leur mouvement descendant est limité par les particules situées en dessous tandis qu'ils sont comprimés par celles situées au-dessus.

Le temps de séjour, qui varie de quelques minutes pour les épaississeurs classiques à plusieurs heures pour les épaississeurs formant des pâtes, est le temps passé par les solides à l'intérieur du « lit » de l'épaississeur, la zone de l'épaississeur à l'intérieur de laquelle les solides sont en phase de compression. Le dimensionnement de la zone de compression est souvent la caractéristique essentielle des épaississeurs à très haut rendement et à très haute densité, mais ne joue typiquement aucun rôle dans la conception des épaississeurs conventionnels et des épaississeurs à haut rendement.

On prévoit généralement la densité et la rhéologie de la sousverse des épaississeurs en effectuant des essais sur des installations pilotes et en consultant une base de données rassemblant les résultats obtenus pour des équipements similaires utilisés avec des stériles de même type et des doses semblables de floculants. L'utilisation d'une base de données à des fins de prévision est particulièrement importante dans le cas des épaississeurs à très haute densité pour lesquels il n'existe qu'un nombre limité de données historiques et de descriptions théoriques par rapport aux données disponibles pour les épaississeurs classiques ou à haut rendement. Les essais effectués en laboratoire et sur pilotes fournissent les concentrations maximales en solides pouvant être atteintes plutôt que des valeurs moyennes qui seraient plus applicables en pratique.

Figure 3.10 presents these three zones, as encountered in an ultra-high rate thickener, moving downward through the thickener, from the inlet to the underflow outlet. The same principles apply to other types of thickeners, although the geometry and mechanical systems vary.

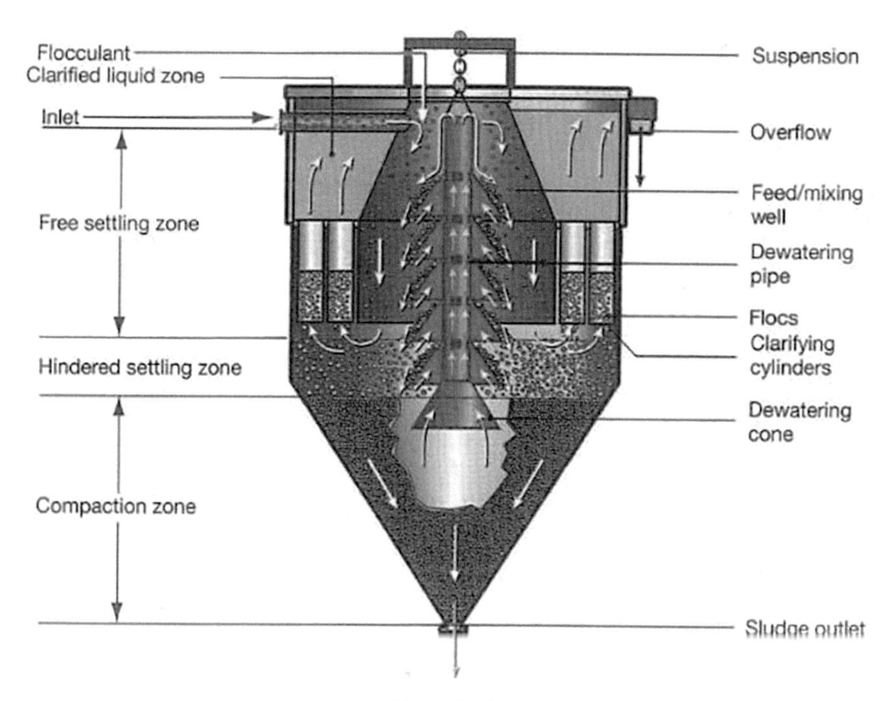

Figure 3.10
Ultra-high rate thickener schematic –displaying the three thickening zones (EIMCO E-CAT)

Thickeners operate by maintaining a higher settling velocity for the solids within the free settling zone than the upward velocity of the supernatant fluid that is released by the settling solids. If the upward velocity, termed the "rise rate", is higher, solids are carried up and out of the thickener. After moving through the settling zone (free and hindered zones), the solids reach the compression zone, where their downward movement is constrained by the particles below them and they are loaded by the particles above them.

The residence time, which varies from minutes for conventional thickeners to several hours for paste thickeners, represents the amount of time that the solids spend within the thickener bed - a term commonly used to describe the portion of the thickener where solids are in the compression phase. Compression-zone sizing is often the governing design criteria for ultra high-rate and ultra high-density thickeners, and typically does not play a role in the design of conventional and high-rate thickeners.

The prediction of the thickener underflow density and the rheology of the underflow is typically made by pilot scale tests and consulting a database of test results from similar equipment which processed similar tailings with similar flocculant doses. The use of the database approach to prediction is especially important for ultra high-density thickeners, which have a more limited, historical database and theoretical methodology than conventional, or high-rate thickeners. Laboratory and pilot scale tests typically indicate the maximum achievable solids concentrations, as opposed to average values that are more applicable in practice.

3.4.3. Conception des épaississeurs

La conception des épaississeurs a évolué au cours du temps pour en faire des équipements de plus en plus efficaces et économiques. Cette évolution est liée de près à l'évolution des techniques de floculation, qui sont primordiales pour l'épaississement. La figure 3.11 récapitule schématiquement l'évolution technique des épaississeurs. Pour résumer, les épaississeurs étaient au départ des unités de faible rapport hauteur/diamètre qui n'utilisaient pas de floculants et qui produisaient des sousverses présentant des teneurs en solides relativement faibles. Les nouvelles générations d'épaississeurs présentent des rapports hauteur/diamètre élevés et utilisent des floculants synthétiques qui permettent d'augmenter la vitesse de déposition et de produire une sousverse beaucoup plus riche en solides. Plusieurs fabricants offrent donc aujourd'hui différents types d'épaississeurs pour différentes applications spécifiques à chaque projet.

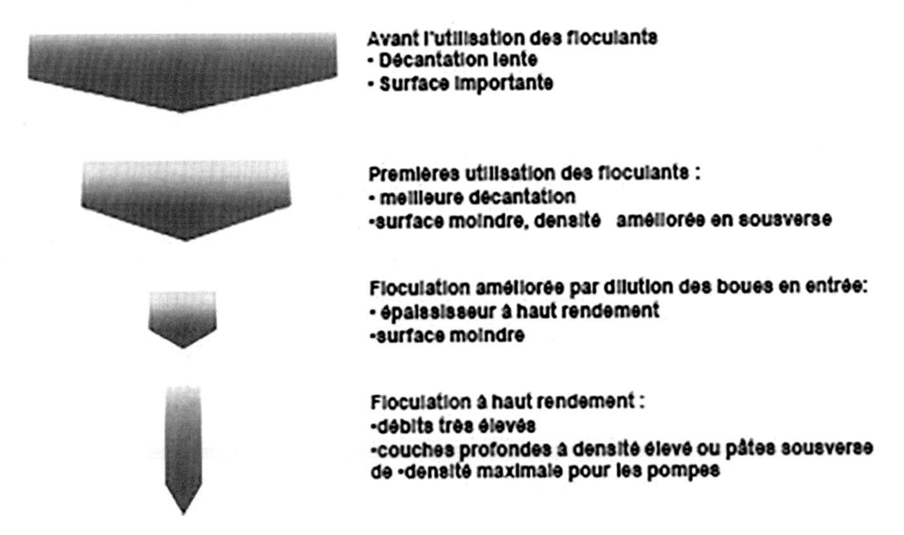

Figure 3.11
Illustration schématique de l'évolution des épaississeurs (Bedell 2006; Jewell et Fourie 2006)

La terminologie utilisée pour décrire les épaississeurs varie d'un équipementier à l'autre et d'une région à l'autre. Les épaississeurs sont cependant généralement classés en quatre grandes catégories, discutées dans les paragraphes qui suivent.

3.4.3. *Thickener Designs*

The design of thickeners has evolved over time to become more efficient and cost-effective. This evolution has been significantly tied to the evolution of flocculation technology, which plays an integral role in thickening. Figure 3.11 resents a schematic of the evolution of thickener technology. Briefly, thickener design has evolved from units with low height-to-diameter ratios and no flocculant addition - which produce underflow with relatively low solids contents - to units with high height-to-diameter ratios, which utilize synthetic flocculants to increase the settling rates and produce underflow with significantly higher solids contents. Consequently, there are now a wide variety of thickener designs available from different manufacturers and project-specific applications.

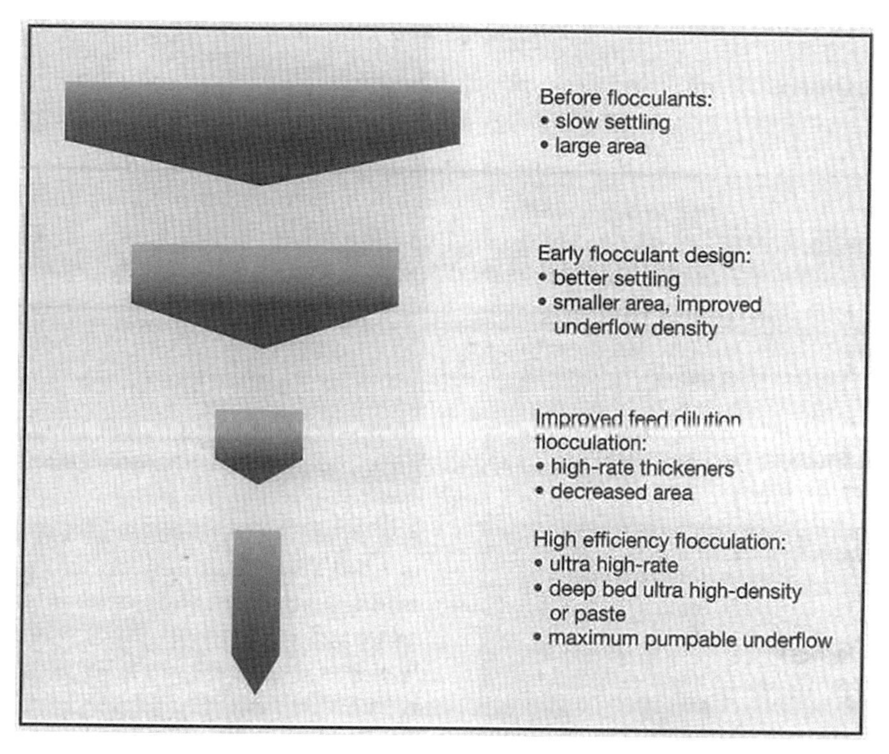

Figure 3.11
Schematic illustrating thickener evolution (Bedell 2006; Jewell and Fourie 2006)

The terminology used to describe thickeners often varies based on the thickener equipment supplier and region of use. However, thickeners are typically classified into four categories, discussed in the following sections.

Épaississeurs conventionnels

Le terme « épaississeur conventionnel » désigne tous les épaississeurs utilisés dans l'industrie minière depuis les années 1960 et un grand nombre des épaississeurs en exploitation aujourd'hui. Ces épaississeurs dits « conventionnels » présentent un faible rapport de la profondeur au diamètre. La formation d'un lit de solides sur le plancher de l'épaississeur dépend des caractéristiques de sédimentation des solides, mais aussi de la grande superficie de l'épaississeur et de la faible vitesse ascensionnelle. L'utilisation d'un épaississeur conventionnel permet typiquement d'augmenter la concentration en solides des boues d'environ 20 à 30 %, suivant les caractéristiques des stériles. Le diamètre de ces épaississeurs conventionnels peut atteindre 100 m, voire plus. La Figure 3.12 est une vue schématique d'un réservoir d'épaississeur conventionnel.

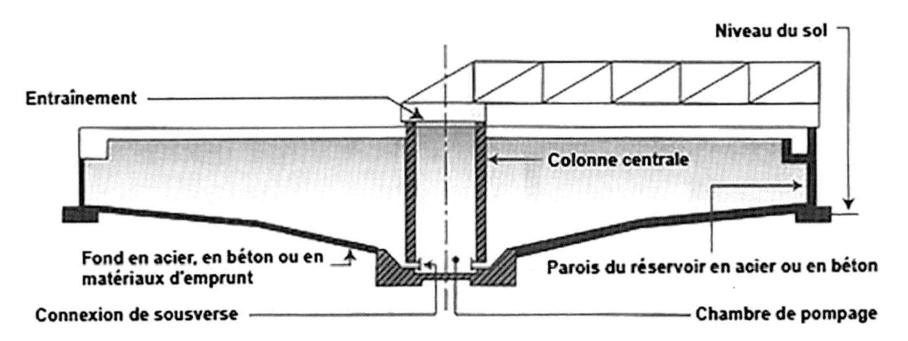

Figure 3.12
Vue schématique d'un réservoir d'épaississeur conventionnel

Épaississeur à haut rendement ou à haute capacité

Les épaississeurs à haut rendement ont été développés dans les années 1960. Ils présentent un rapport profondeur/diamètre plus élevé que celui des épaississeurs conventionnels. Ils sont utilisés pour les débits par unité de surface élevés et leur exploitation nécessite habituellement l'addition de floculants pour favoriser le développement du lit de solides dans les conditions de vitesse d'ascension plus élevées qui prévalent à l'intérieur de l'engin. Les épaississeurs à haut rendement ont généralement des diamètres compris entre 20 et 50 m. Suivant le type de stériles, ce type d'équipement permet d'atteindre des concentrations en solides allant jusqu'à 65 % (pour les stériles de roches dures). La Figure 3.13 est une photographie d'un épaississeur à haut débit.

Conventional Thickeners

The Term "conventional thickener" encompasses thickners used in the mining industry since the 1960s and includes many of the thickeners in use today. Conventional thickeners typically have a low depth-to-diameter ratio and generally rely on the settling characterstics of the solids, aided by large area and low rates to form a settled solids bed on the floor of thickener. The use of conventional thickners typically increases the solids concentration of a slurry by about 20% to 30 % depending on the characterstics of the tailings. The diameters of conventional thickeners can vary up to 100 m or more. An example of a convetional cassion thickener is shown on Figure 3.12.

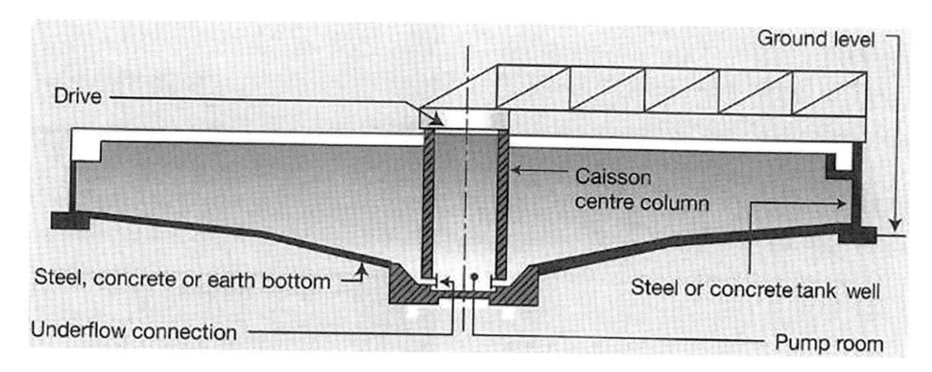

Figure 3.12
Caisson thickener schematic

High Rate or High Capacity Thickeners

High Rate thickeners were first developed in the 1960s and have a higher depth-to-diameter ratio than conventional thickeners. They operate in an environment of higher throughput per unit area and their operation usually includes the addition of flocculants to develop a solids bed in conditions of higher rate of rise in the thickener. Diameters of high rate thickeners are typically between 20 m and 50 m. Depending on the type of tailings, solid concentrations of up to 65% (hard rock tailings) may be achieved. An example of a high-rate thickener is shown on Figure 3.13.

Figure 3.13
Épaisseur à colonne à haut débit avec un râteau d'entraînement central et des piquets (WesTech TOPTM)

Épaississeurs à haute compression ou à haute densité

Les épaississeurs à haute compression, à haute densité et/ou à ultra haut rendement représentent une avancée supplémentaire dans ce domaine. Ils offrent typiquement des surfaces moindres et un rapport profondeur/surface supérieur à celui des épaississeurs conventionnels ou à haut rendement et ils sont équipés de composants spécialisés permettant d'évacuer l'eau rapidement et d'obtenir une sousverse très dense. Les épaississeurs à ultra-haut rendement sont équipés d'un puits d'alimentation spécialement conçu, de système de dilution, de composants internes spécialisés tels que des cônes de drainage et des cylindres de clarification permettant d'améliorer la séparation solide-liquide. Il convient de noter que les épaississeurs à haute compression et à pâte se distinguent par un lit relativement épais et donc par un temps de séjour relativement long des boues dans le réservoir permettant une certaine consolidation de la couche. Le diamètre de l'unité peut être limité par le couple disponible pour l'entraînement du râteau diamétral. L'arrivée de moteurs d'entraînement plus puissants permettra cependant d'augmenter le diamètre de ces unités.

Épaississeurs à cônes profonds (à pâte)

Les épaississeurs à ultra-haute densité sont aussi appelés épaississeur à cônes profonds (« Deep Cone » en anglais) ou à pâte. Les épaississeurs à ultra-haute densité reprennent quelques caractéristiques des épaississeurs décrits ci-dessus, mais bénéficient en plus d'un système de contrôle de pointe qui permet d'obtenir des sousverses d'une concentration en solides supérieure. Ils sont notamment équipés d'un puits d'alimentation spécial, de systèmes de dilution, d'un bassin profond présentant un rapport profondeur/surface élevé qui permet une compression importante du lit et des temps de séjour prolongés, de râteaux spécialement conçus et d'une instrumentation avancée permettant de contrôler le dosage des floculants, l'inventaire des solides et la densité de la sousverse. L'instrumentation, qui permet une réaction rapide en cas de modification des propriétés de la sousverse, est une caractéristique importante des épaississeurs à ultra-haute densité, car ils sont exploités à un stade de la chaîne de traitement des stériles où le seuil d'écoulement peut changer de manière significative avec une petite variation de la concentration en solides. La figure 3.14 est une photographie d'un épaississeur à ultra-haute densité.

Figure 3.13
Hight-rate column thickener with a central drive rake and pickets (WesTech TOPTM)

High Compression or High-Density Thickeners

High Compression, High Density and/or Ultra High-Rate thickeners represent a further advance in thickener technology. They typically have smaller areas and higher depth to area ratios than conventional or high-rate thickeners and utilize specialized internal components to achieve rapid removal of water from the feed and high-density underflow. Ultra high-rate thickeners utilize a specially designed feed well, dilution systems, and specialty internal components such as dewatering cones and clarifying cylinders to enhance solid-liquid separation. An important distinction is that high compression and paste thickeners have significant bed depths and hence residence time, allowing for some consolidation in the bed. The diameter of the unit may be limited by the available rake torque. As higher capacity drives become available, the diameters of these units will increase.

Deep Cone (Paste) Thickeners

Ultra High-density thickeners are also known as Ultra High-Density, Deep Cone or Paste Thickeners. Ultra high-density thickeners use some of the features of the previously described thickener types, in combination with advanced controls, to achieve underflow with higher solids contents. The features include a specialized feed well; dilution systems; a deep tank with a high depth-to-area ratio for higher compression and long residence times; specially designed rakes; and advanced instrumentation to control flocculant dosage, solids inventory and underflow density. Instrumentation and quick response to changes in underflow properties is extremely important for ultra high-density thickeners, as they operate in a portion of the tailings continuum where the yield stress can change significantly with small variations in solids content. Figure 3.14 presents a photograph of an ultra high-density thickener.

Figure 3.14
Épaississeur à pont à très haute densité avec un râteau d'entraînement central (WesTech DEEP BEDTM)

Une pâte de stériles peut être définie comme étant la boue obtenue après sédimentation initiale et l'élimination de presque toute l'eau de ressuage. Cet état est typique de ce que permettent d'obtenir les essais de sédimentation en flacon, comme illustré sur la figure 2.6. Une pâte est aussi décrite comme étant l'état de la boue à partir duquel il est nécessaire d'utiliser une pompe à déplacement direct pour transporter le matériau, ce qui est typiquement atteint lorsque la limite d'élasticité devient supérieure à 200 kPa. La densité de la pâte peut être ajustée en mélangeant des stériles épaissis à des stériles filtrés.

La mise en œuvre d'épaississeurs à cône profond dans des installations de stockage des résidus en surface pose les difficultés suivantes :

- Il est difficile d'obtenir systématiquement la densité visée. Sur le terrain, on obtient typiquement des sousverses présentant une concentration en solides comprise entre 62 et 67 % pour les stériles de roches dures.

- Ces épaississeurs sont associés à des coûts d'investissements et d'exploitation plus élevés (typiquement deux fois plus élevés que pour les épaississeurs à haut rendement).

- Ces épaississeurs sont plus complexes du point de vue mécanique et opérationnel et reviennent plus cher en réactifs.

Figure 3.14
Ultra high-density bridge thickener with a central drive rake (WesTech DEEP BEDTM)

One definition of paste tailings state is the density at which the tailings would have completed its initial settling, with little remaining bleed water. This density state is typical to what is represented by the jar settling tests as shown on Figure 2.6. It is also described as the density at which a positive displacement pump is required to transport, typically represented by tailings with a yield stress of greater than 200 kPa. Achieving a paste density state may be achieved by mixing thickened tailings with filtered tailings.

The application of deep cone thickeners to surface tailings storage facilities are challenged by the following:

- Difficulty achieving the desired density consistently. Actual performance results typically produce an underflow density of 62% to 67% solids concentration for hard rock tailings.

- Higher capital and operating costs than other thickener processes (typically twice the cost of high rate thickening).

- Higher mechanical and operating complexity and reagent cost.

- Lorsqu'une densité supérieure est obtenue, ils nécessitent l'emploi de pompes volumétriques et de pipelines à haute pression.

- La pâte forme une pente raide (jusqu'à 6 %) sur une courte distance (100 m), ce qui nécessite le déplacement continuel du point de déversement pour pouvoir répartir les stériles sur une large surface et répondre aux besoins de stockage. Les pentes, dans l'ensemble, ne dépassent cependant pas 3 %.

Les auteurs n'ont pas connaissance d'une quelconque application efficace de résidus en pâte, et la plupart des rapports concernant des projets utilisant ce type d'épaississeurs font état de concentrations en solides plus représentatives de résidus épaissis. L'épaississement à ultra-haute densité a été mis en œuvre sur des sites de tailles diverses, mais à ce jour (2018), l'efficacité du procédé (obtention d'une concentration en solides élevée) s'est révélée variable, avec une concentration en solides ne dépassant pas 65 % pour les stériles de roches dures. À ce jour, les applications les plus réussies de l'épaississement à ultra-haute densité des stériles ont eu lieu sous climat aride, où il est souhaitable d'optimiser la récupération de l'eau, avec l'avantage secondaire que présentent des installations de moindre importance pour la récupération et la gestion de l'eau en aval.

3.5. FILTRATION

3.5.1. Procédé de filtration

La filtration des stériles est pratiquée depuis le début des années 1970. À l'époque, le coût élevé des équipements de filtration et de leur exploitation (maintenance et consommation d'énergie) a cependant fait que de nombreux sites n'ont pas mis en pratique ce procédé qui par ailleurs ne leur permettait pas d'améliorer la récupération des métaux ou des produits chimiques ni d'effectuer de quelconques économies d'investissement. L'intérêt pour la filtration des stériles a cependant augmenté au cours des dernières années suite à l'amélioration de l'efficacité des dispositifs de filtration et à l'importance qu'a pris la réduction de la consommation de l'eau et des risques associés à la stabilité mécanique des remblais et aux dommages potentiels infligés à l'environnement en cas de rupture.

Il existe plusieurs types de filtres disponibles sur le marché, mais tous les filtres opèrent suivant le même principe fondamental. Les filtres utilisent une membrane poreuse pour retenir les particules solides contenues dans la boue (qui forment ainsi le tourteau de filtration) sur leur surface poreuse, tout en laissant passer la fraction liquide à travers cette surface. Le liquide qui reste piégé à l'intérieur du tourteau définit la teneur en eau de celui-ci.

Les filtres utilisés pour la déshydratation peuvent être classés en deux types de base : les filtres sous vide et les filtres sous pression. Les filtres sous vide font appel à une dépression (succion) pour aspirer l'eau contenue dans les stériles à travers une membrane, tandis que les filtres sous pression compriment les stériles entre leurs membranes. Les filtres sous vide comprennent les filtres à tambour, les filtres à disques et les filtres à bande horizontale, tandis que les filtres sous pression peuvent être à plaque ou à courroie. Les filtres-presses à courroie et à plaque horizontale sous vide sont considérés comme étant les plus adaptés aux tonnages les plus souvent rencontrés sur les sites miniers et sont utilisés sur la plupart des sites où les stériles sont filtrés.

Les filtres étant beaucoup moins efficaces que les épaississeurs pour éliminer l'eau en excédant, ces derniers sont habituellement utilisés pour déshydrater les stériles dont la concentration en solides voisine de 60 % avant la filtration. La filtration permet ensuite d'obtenir une concentration en solides comprise entre 80 et 88 %, suivant le procédé utilisé et le temps de filtration.

La facilité avec laquelle les stériles peuvent être filtrés dépend essentiellement de leur type (plus les stériles sont fins ou plastiques, plus ils sont difficiles à déshydrater). Les stériles très plastiques peuvent aussi provoquer la formation d'un tourteau de filtration collant qu'il peut être difficile de retirer du filtre et de manipuler une fois la filtration terminée.

- When a higher density is achieved, it requires positive displacement pumps and high-pressure pipelines.

- The paste forms a steep slope (up to 6%) over a short distance (100 m), which requires continual moving of the discharge point to be able to spread the tailings over a larger area to achieve the storage requirements. However, overall slopes are typically less than 3%.

The authors are not aware of any successful application of paste tailings, and most reported paste projects achieve solids concentrations more representative of thickened tailings. Application of Ultra High-Density thickening has been carried out for various scale operations, however their success (i.e., achieving high solids concentrations) has, to date (circa 2018), been variable and reported solids concentrations appear to be in the range of up to 65% for hard rock tailings. The greatest achievements of paste and ultra-high-density thickened tailings to date have been in arid climates where improved water recovery is the driving factor, with reduction of water reclaim and management facilities as a secondary benefit.

3.5. FILTERING

3.5.1. Filtering Process

Filtering of tailings has been practiced since the 1970s. However, due to the significant capital costs of the filtering equipment and the operational costs, (maintenance and power consumption), filtering was not feasible for many operations as it did not provide an added benefit of improved metals or chemicals recovery, or lower capital cost. With the improvement in the efficiency of the filtering equipment and the focus on reduced water consumption, together with the reduced risks of physical stability and potential environmental risks, interest in tailings filtering has significantly increased in recent years.

While there are a variety of filter types available, at a basic level, all filters operate under the same general concept. Filters use a porous surface to retain the solid particles from the feed (which are known as the filter cake) along the porous surface, while driving the liquid portion of the feed through the porous surface. The remaining liquid within the cake is typically described in terms of moisture content.

Filters used for tailings dewatering can be categorized into two primary types: vacuum and pressure. Vacuum filters use vacuum pressure to draw moisture from tailings through a filter membrane, while pressure filters squeeze the tailings between filter membranes. Vacuum filters include drum, disc or horizontal belt filters, while pressure filters include plate filters or pressure belt filters. Vacuum belt filters and horizontal plate filters are considered most suitable for the tonnages often required by mining projects and are used in most filtered tailings operations.

As filters are much less efficient at removing excess water than thickeners, thickeners are typically used to dewater the tailings to approximately 60% solids concentration before filtration. Filtration further dewaters the tailings, typically to 80% to 88%, depending on the filtration processes and cycle times.

How readily tailings can be filtered is most influenced by the type of tailings (finer tailings are more difficult to dewater) and plasticity (higher plasticity tailings are more difficult to dewater). High plasticity tailings may also result in a sticky filter cake, which may be difficult to clean from the filter medium and to handle after filtration.

La redondance est un aspect important de la sélection des filtres. La filtration s'opère typiquement à l'aide d'un système de plusieurs unités de filtration pour permettre la maintenance de certaines d'entre elles tout en gardant le système en service.

La filtration des stériles permet de réduire les pertes en eau associées à leur mise en dépôt et d'obtenir des dépôts de densité plus élevée. La réduction de la consommation en eau peut permettre d'augmenter la production dans les régions arides où l'accès à l'eau est limité. La haute densité des dépôts peut par ailleurs permettre de réduire la surface occupée par l'IGR ou de procéder à un assainissement progressif du site. Dans certains cas, le processus de filtration peut être utilisé pour extraire et réutiliser les produits chimiques utilisés pour le traitement du minerai et réduire ainsi les coûts de traitement et l'éventuel impact environnemental.

3.5.2. Types de filtre

Filtres sous vide

Les filtres sous vide fonctionnent en « aspirant » la fraction liquide de la boue à travers l'élément filtrant et le tourteau de filtration. Les filtres à bandes sous vide sont plus économiques, mais ils ne permettent pas toujours d'obtenir la teneur en eau optimum pour le compactage, en particulier en présence de stériles fins. Leur utilisation se limite donc aux climats secs, où les stériles déposés peuvent sécher ultérieurement une fois exposés à l'air, ou au traitement des stériles sableux. Les filtres sous vide sont généralement exploités en continu et lorsque l'on traite des débits importants. Tous les filtres sous vide sont limités par l'altitude du site, la diminution de la pression atmosphérique avec l'altitude réduisant la force d'aspiration disponible pour aspirer le liquide à travers le filtre et le tourteau de filtration. Les filtres sous vide les plus communs peuvent être classés en trois catégories :

- Les filtres à tambour sont constitués d'un tambour filtrant cylindrique monté horizontalement sur un moteur. La paroi du tambour est divisée en plusieurs sections et recouverte d'un élément filtrant. En fonctionnement, une dépression est appliquée sur les cellules d'aspiration tandis que le tambour est maintenu en rotation dans un réservoir. Une fraction des boues forme un tourteau sur l'élément filtrant.

- Les filtres à disques fonctionnent de manière similaire, mais avec une géométrie différente qui permet d'augmenter la surface de filtration et donc de diminuer la surface occupée par l'unité de filtration (Figure 3.15).

Figure 3.15
Filtre à disques sous vide (WesTech [n.d.])

Redundancy is an important consideration in the selection of filters. Filter operations will typically have multiple filter units to allow for the performance of routine maintenance on individual units while maintaining the design throughput.

Filtering of the tailings results in a reduction in the water losses associated with tailings disposal and can achieve higher density of the deposited tailings. The lower water consumption may allow higher production rates in dry areas with limited water availability, and the higher density may result in opportunities to reduce the footprint of the TSF or allow progressive reclamation. In some cases, the filtering process may be used to extract, and reuse chemicals used in the mineral processing, thus reducing both the processing costs and potential environmental impacts.

3.5.2. Filter Types

Vacuum Filters

Vacuum filters operate by using a vacuum to "pull" the liquid portion of the feed through the filter medium and filter cake. Vacuum belt filters offer a lower cost but may not achieve optimum moisture content for compaction, particularly in finer tailings. Their use, therefore, may be limited to dry climates where air drying of the placed tailings can be used to further reduce the moisture content after placement, or in sandy tailings. Vacuum filters are typically operated in a continuous manner and are used for higher throughput requirements. All vacuum filters face elevation constraints, as decreases in the atmospheric pressures at higher altitudes reduces the amount of force available to pull the liquid through the filter medium and filter cake. Typical vacuum filters can be divided into three categories:

- Drum Filters consist of a cylindrical filter drum, which is a horizontally mounted cylinder connected to a motor. The drum face is divided into sections and the face of the drum is covered with a filter medium. When the drum is operated, vacuum pressure is applied through the vacuum cells and the drum is rotated through a filter tank and a portion of the slurry feed forms a cake on the filter medium.
- Disc Filters operate in a similar manner to drum filters, but with a revised geometry that increases the filtration surface area, thus decreasing the required filter footprint (Figure 3.15).

Figure 3.15
Vacuum disc filter (WesTech [n.d.])

Les filtres horizontaux à bandes sous vide utilisent une bande perforée ou munie de crépines recouverte d'une autre bande jouant le rôle d'élément filtrant. La bande crépinée se déplace sur une table lubrifiée ou sur un transporteur à rouleaux mis sous vide par des lignes d'aspiration. La figure 3.16 montre une vue schématique d'un filtre horizontal à bande sous vide.

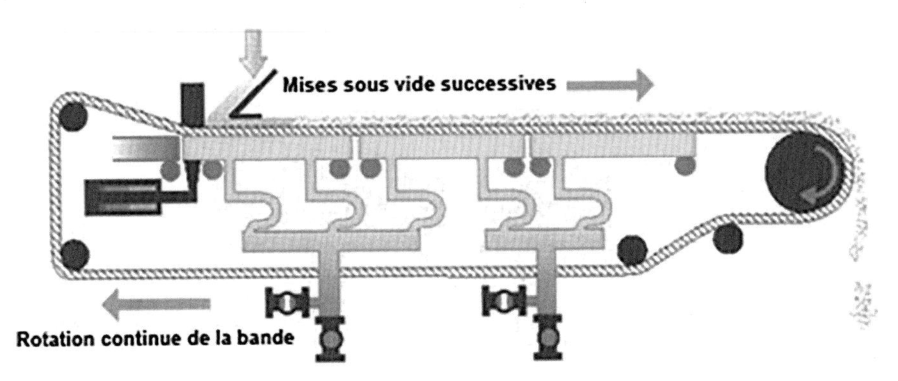

Figure 3.16
Vue schématique d'un filtre horizontal à bande sous vide (OutoTec Larox RTTM) (McLeod et Bjelkevlk 2017)

Filtres sous pression

Les filtres sous pression utilisent une compression mécanique pour forcer la fraction liquide des boues à travers l'élément filtrant et le tourteau de filtration. Les filtres sous pression permettent de comprimer davantage les boues afin d'obtenir des teneurs en eau proches de la teneur en eau optimum pour un compactage efficace, mais leur exploitation est beaucoup plus onéreuse et ils fonctionnent par lots (mode batch) plutôt qu'en continu. Les filtres horizontaux à plaques offrent la plus grande capacité atteignable en filtration sous pression. Les filtres sous pression les plus communs peuvent être classés en trois catégories :

- Les filtres-presses à plaques et à cadre (filtres-presses horizontaux, filtres-presses verticaux ou filtres-presses à chambre) sont composés d'un cadre et de cylindres. Les plaques de filtration sont installées à l'intérieur du cadre, le long de rails, et recouvertes de toiles de filtration. La figure 3.17 est une vue schématique d'un filtre à plaques et cadre sous pression. Les boues à filtrer pénètrent dans les chambres de filtration (l'espace entre chaque plaque filtrante) par des buses d'alimentation. Une fois la boue injectée, les plaques sont comprimées, généralement par un ou plusieurs pistons hydrauliques. De par sa conception, ce type de filtre fonctionne par lots (mode batch) en évacuant une certaine quantité de stériles filtrés à l'issue de chaque cycle de filtration au lieu de fonctionner en continu comme de nombreux autres types de filtres.

Les plus grandes unités possèdent jusqu'à 120 chambres munies de plaques de filtration de 2 m sur 2 m (FLSmidth, 2011) et permettent de filtrer jusqu'à 8 500 tonnes par jour et par filtre, suivant les caractéristiques des stériles. Des unités de filtration encore plus grandes sont actuellement produites et l'on peut prévoir une augmentation prochaine de l'efficacité et de la dimension de ce type d'unités.

Horizontal Vacuum Belt Filters consist of a perforated, or slotted belt, covered by another belt of a filter medium. The slotted belt runs on top of a lubricated table, or roller conveyor, that includes vacuum ports. A schematic of a typical horizontal vacuum belt filter is shown on Figure 3.16.

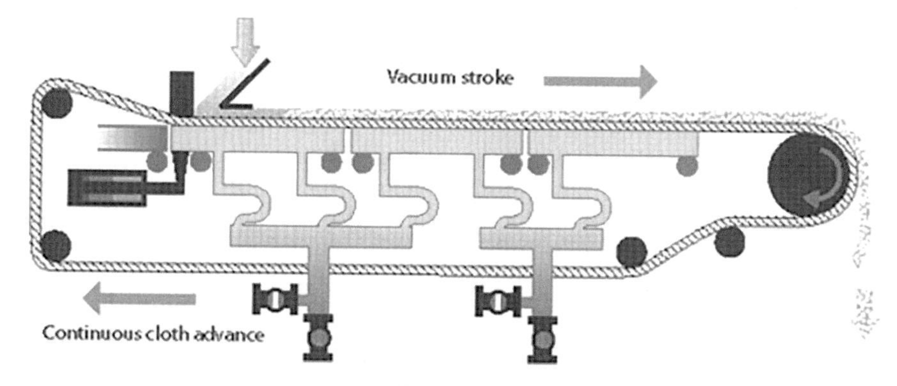

Figure 3.16
Horizontal vacuum belt filter schematic (OutoTec Larox RTTM) (McLeod and Bjelkevik 2017)

Pressure Filters

Pressure filters use mechanical pressure to "push" the liquid portion of the feed through the filter medium and filter cake. Pressure filters can apply more pressure to achieve moisture contents near the optimum moisture content for efficient compaction, however they are significantly more expensive to operate, and operate in batches rather than as a continuous process. Horizontal plate filters offer the highest capacity for pressure filtration. Typical pressure filters can be divided into three categories:

- Plate and Frame Pressure Filters (also known as horizontal pressure filters, vertical plate filters or chamber pressure filters) consist of a frame and cylinders. Filter plates are installed within the frame, along rails, and covered with filter cloths. Figure 3.17 presents a schematic of a plate and frame pressure filter. To provide solid-liquid separation, the feed material enters the filter chambers (i.e., the space between each filter plate) through feed ports. After the feed material is injected, the filter plates are compressed - typically by a hydraulic cylinder(s). Due to the nature of plate and frame filters, they are "batch operated," producing filtered tailings at the end of each filtration cycle, rather than producing filtered tailings in a continuous manner like many other filter types.

The largest units currently have up to 120 chambers with 2 m x 2 m filter plates (FLSmidth, 2011), and offer capacities up to 8 500 tpd/filter, depending on tailings properties. Larger filter plants are currently under production and increased efficiency and scale of operations could be anticipated to increase in the future.

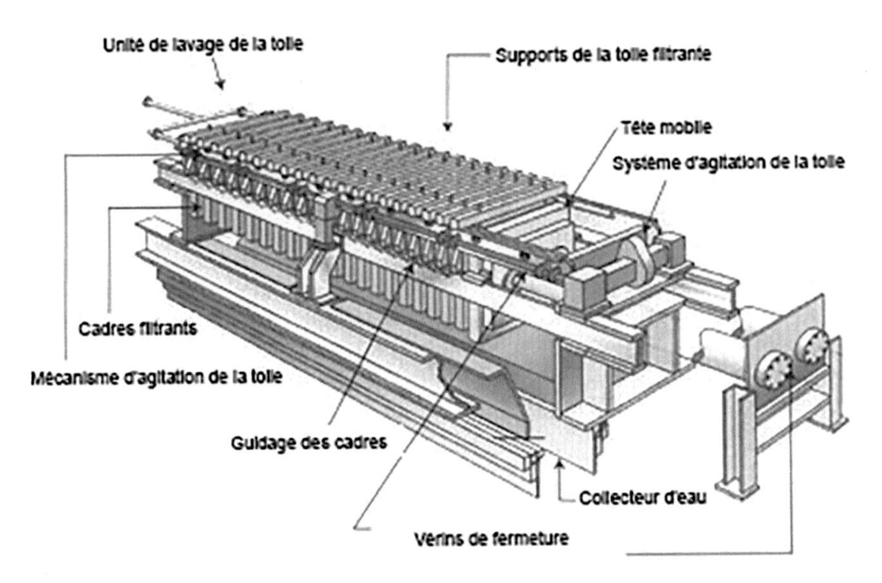

Figure 3.17
Vue schématique d'un filtre-presse horizontal à cadre et plaques

- Cependant, dans le cas des filtres-presses à membranes, la compression des stériles dans les chambres est effectuée en gonflant des membranes.

- Les filtres-presses à courroie fonctionnent d'une manière semblable à celle des filtres à courroie sous vide puisqu'ils sont constitués d'une courroie continue qui passe sur un cadre, entraînée par des poulies, et sur laquelle est poussée une plaque qui comprime la boue contre l'élément filtrant qui recouvre la courroie. Ces filtres peuvent être empilés verticalement (tour de filtres) pour réduire leur encombrement.

3.6. SEPARATION DES DIFFERENTS FLUX DE STERILES

La manière habituelle de gérer les stériles consiste à combiner les stériles provenant de différentes parties de l'usine de traitement et de mettre ensuite en dépôt le flux unique de stériles ainsi constitué. Cette méthode ne tient cependant pas compte des propriétés physiques et chimiques assez différentes que peuvent présenter les stériles ainsi mélangés et qui pourraient justifier des méthodes de gestion spécifiques plus aptes à optimiser les éventuels impacts environnementaux ou économiques. Il est donc très important que les concepteurs de barrages de stériles s'entretiennent avec le ou les concepteurs de procédés de manière à bien comprendre les possibilités d'optimiser le flux de stériles en fonction des propriétés physiques et géochimiques des résidus produits.

Séparation en fonction du comportement physique

L'hydrocyclonage, comme expliqué plus haut, est un exemple de séparation du flux de stériles en fonction de leurs propriétés physiques. Des flux de stériles séparés à l'intérieur d'une même usine peuvent cependant posséder des propriétés distinctes qui peuvent justifier des traitements séparés. Il arrive souvent, par exemple, que les circuits de concassage primaire et secondaire génèrent des stériles sableux, qui sont séparés par gravité (séparation en milieu dense), les fractions minérales les plus lourdes étant renvoyées vers un circuit de broyage avant de subir une flottation ou d'autres traitements. Il en résulte deux flux de stériles, grossiers et fins, qui peuvent être traités séparément. De manière similaire, l'exploitation de la houille génère des résidus grossiers et fins qui sont généralement traités séparément. Des procédés de séparation magnétique sont également utilisés dans certaines usines pour obtenir différents flux de résidus qui peuvent ensuite être gérés séparément.

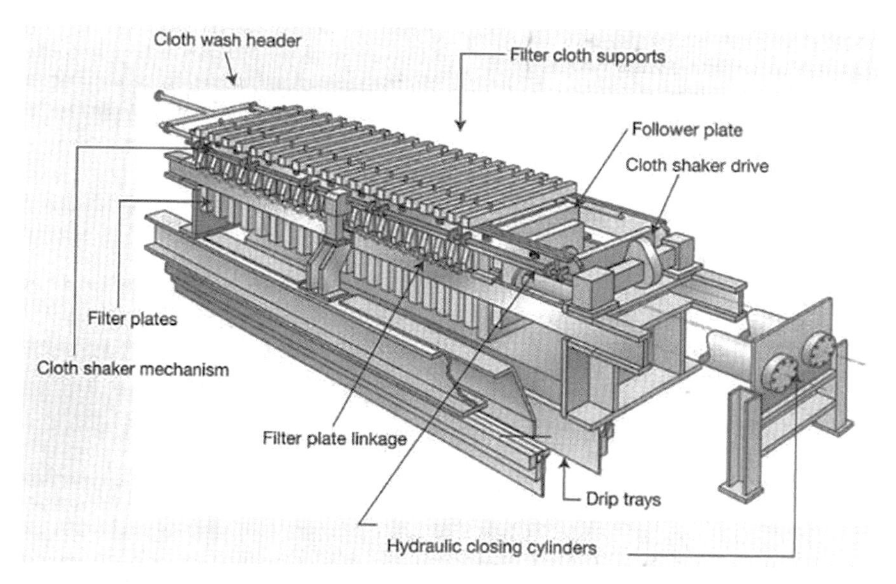

Figure 3.17
Horizontal plate and frame pressure filter schematic

- Membrane Pressure Filters operate in a similar manner to plate and frame pressure filters, utilizing filter plates and producing filtered tailing in a "batch" manner. However, in membrane pressure filters, compression of the tailings within the chamber is performed by inflating membranes.

- Belt Pressure Filters operate in a similar manner to vacuum belt filters, in that they consist of a continuous belt running along a frame, and pulleys, which use the pressure from an overlying plate to force the feed material against the filter media overlying the belt. These filters may be stacked vertically (termed "tower filters") to reduce the footprint.

3.6. TAILINGS STREAMS SEPARATION

Typical practice in tailings management has been to combine tailings from various parts of the processing system and discharge a single tailings stream. This is despite some of the tailings components having quite different physical or chemical properties which could allow separate management practices to optimize environmental or economic benefits. It is therefore very important that tailings dam designers consult with the process designer(s) to understand opportunities for optimizing the tailings stream(s) either on physical or geochemical properties.

Separation on Physical Behaviour

Cycloning, as previously discussed, is an example of separation of a tailings stream based on physical behaviour. However, there are cases where separate tailings streams within a plant already have distinctive properties, which may provide an opportunity to manage them separately. For example, it is common for a primary/secondary crushing circuit to generate sandy tailings, which are separated by gravity (dense media separation), with heavier mineral grades sent back to a grinding circuit prior to flotation or other further process. This results in both coarse and fine tailings streams that could be managed as separate materials. Similarly, coal processing results in both coarse and fine rejects, which are commonly treated as separate waste streams. Magnetic separation processes are also used in some mills, producing different waste streams that could be managed separately.

Séparation en fonction des propriétés géochimiques

Les minéraux sulfurés présents dans les stériles peuvent s'oxyder et provoquer un drainage acide rocheux et d'éventuels dommages environnementaux. L'eau acide peut ensuite réagir avec d'autres minéraux et bien que les composés acides soient, dans une certaine mesure, neutralisés par les minéraux avec lesquels ils réagissent, il en résulte une augmentation des concentrations en métaux ou en sels. Dans certains cas, les composés acides générés peuvent être neutralisés avec précipitation de métaux tels que l'aluminium, le cuivre ou le plomb. Cependant, lorsque le pH est proche de la neutralité, les concentrations en composants toxiques comme le zinc, l'arsenic, le nickel et le cadmium peuvent rester élevées.

Dans certaines usines de traitement, les stériles pauvres en sulfures sont isolés grâce à un circuit de séparation par gravité ou de séparation plus grossière par flottation. Ces stériles peuvent représenter une fraction importante du flux total de stériles et ne pas être potentiellement acidogènes. Les stériles riches en sulfures, en quantité moindre, peuvent être gérés séparément dans une installation de confinement de stériles saturés tandis que les stériles plus grossiers, en plus grande quantité, sont placés dans une installation de stockage conventionnelle.

Brukard et McCallum (2007) ont montré comment plusieurs techniques de séparation peuvent être utilisées pour désulfurer les stériles et produire du sable pauvre en sulfures utilisable pour des travaux de construction et la production de toute une gamme de sous-produits métalliques potentiellement utiles. Ces techniques comprennent notamment le simple criblage, les méthodes gravimétriques, la séparation magnétique et la flottation par moussage. Bois et al. (2005) ont décrit la désulfuration d'un échantillon de stériles contenant typiquement 20 % de sulfures et l'obtention de stériles pauvres en sulfures, non générateurs d'acides, et de stériles riches en sulfures, potentiellement acidogènes. Les essais de stabilisation au ciment n'ont mis en évidence aucune conséquence néfaste de l'utilisation de stériles riches en sulfures pour les remblais souterrains.

Les possibilités de gestion du volume réduit de stériles riches en sulfures comprennent notamment :

- Le stockage souterrain, où l'eau souterraine naturellement présente maintiendra les stériles saturés;
- Le stockage souterrain sous forme de pâte cimentée;
- Le stockage subaquatique dans un bassin aménagé à cette fin, soit recouvert d'eau ou d'une couverture « sèche » conçue pour maintenir des conditions saturées;
- Le stockage en fosse, dans laquelle l'eau de la nappe phréatique saturera les stériles; et
- Le compactage des stériles jusqu'à ce que leurs propriétés hydrauliques leur permettent de retenir l'eau et le maintien d'une saturation élevée grâce à l'infiltration des eaux de pluie.

3.7. GESTION INTÉGRÉE DES STÉRILES ET DES RÉSIDUS ROCHEUX

Sur les grands sites miniers, où la quantité de résidus rocheux produits peut largement dépasser celle des stériles, il peut exister des possibilités d'intégrer le stockage des stériles à celui des résidus rocheux. Cette intégration peut aller du co-placement – la combinaison des sites de mise en dépôt qui consiste à utiliser les résidus rocheux pour créer une IGR (site de dépôt intégré) – au simple mélange, qui revient à combiner les stériles aux résidus rocheux.

Separation on Geochemical Properties

Sulphide minerals in the tailings can oxidize and lead to ARD with associated environmental concerns. Acid water can then react with other minerals, and although the acid is neutralized, to some extent, by the minerals it reacts, this is normally at the expense of increased metal or salt concentrations. In some cases, the acid generated can be neutralized with precipitation of metals such as aluminum, copper and lead. However, at near-neutral pH, concentrations of toxic components such as zinc, arsenic, nickel, and cadmium, can remain elevated.

In some processing plants, low-sulphide tailings are produced by a gravity circuit or a rougher-flotation circuit, which can comprise a substantial proportion of the total tailings stream and may not be potentially acid generating (non-PAG). In this case, the lower-volume high-sulphide tailings (cleaner circuit) can be managed separately in a saturated containment facility, and the higher- volume rougher tailings would be placed in a conventional storage facility.

Brukard and McCallum (2007) showed how a range of separation processes could be used to remove sulphides from tailings and produce low- sulphide sand suitable for construction use, plus a range of potentially valuable metallic by-products. Processes included simple screening, gravity methods, magnetic separation, and froth flotation. Bois et al. (2005) describe the desulphurization of a tailings sample containing typically 20% sulphide to a low-sulphide NAG/NAF tailing and a high-sulphide PAG/PAF tailings. Cement stabilization tests showed no detrimental effect in using the high-sulphide tailings for underground backfill.

Some of the options for management of the reduced volume of sulphide tailings include:

- Placement underground, where the natural groundwater level will maintain their saturation;
- Placement underground as cemented paste tailings;
- Storage sub–aqueously in a purpose-designed dam, either with a water cover or a "dry" cover designed to maintain saturated, sub-surface conditions;
- In-pit storage, where the water table will saturate the tailings; and
- Potentially compacting tailings to a level where the hydraulic characteristics of the tailings mass retains water, and a high level of saturation can be maintained by infiltration of rainfall.

3.7. INTEGRATED TAILINGS AND WASTE ROCK MANAGEMENT

On larger mining projects, where the ratio of mine waste rock to tailings can be relatively high, there may be opportunities to integrate the storage of tailings with the waste rock. Integration can range from "co-placement" - combining the waste disposal sites to take advantage of waste rock to create a storage facility for tailings (integrated waste landform) - to "co-mingling," where the tailings and waste rock are combined.

3.7.1. Co-placement

Les stériles et les résidus rocheux grossiers sont transportés indépendamment, mais sont déposés dans le même bassin de stockage des résidus. Les résidus rocheux peuvent ainsi être déposés directement dans l'IGR ou être utilisés pour la construction des bermes ou des murs de soutènement internes de cette installation.

Sur un barrage de stériles, les résidus rocheux peuvent ainsi être utilisés pour l'aménagement de contreforts auxquels on donne la forme d'un relief naturel. Cette pratique peut permettre la construction d'une IGR plus stable qu'elle ne l'aurait été si la gestion des résidus avait été séparée. La structure doit être conçue en tenant compte des paramètres habituels qui gouvernent un barrage de stériles de manière qu'elle soit stable et que le zonage des matériaux soit tel que le risque d'érosion interne soit écarté. Ce type d'aménagement peut permettre de faire des économies sur les coûts d'investissement et d'exploitation lors de la construction des remblais périmétriques et présenter des retombées environnementales bénéfiques en amorçant une réhabilitation progressive du site. Il se peut que l'avantage intangible le plus important soit l'obtention de remblais très stables, et donc très conservatifs sur le plan de la sécurité, par le simple ajout d'une masse importante de résidus autour de l'IGR.

Le co-placement de résidus rocheux potentiellement acidogènes dans une installation de stockage de stériles saturés a également été mis en œuvre pour atténuer les risques de pollution de l'eau associés à de tels débris.

3.7.2. Mélange

Suivant leur porosité (indice des vides), il se peut que les résidus rocheux puissent accueillir des stériles. Cette possibilité ouvre la voie du mélange des stériles aux résidus rocheux grâce auquel on obtient un matériau dont la résistance dépendra principalement des matériaux rocheux tandis que les propriétés hydrauliques dépendront principalement des stériles. Ce mélange possédera une faible conductivité hydraulique, une bonne capacité de rétention de l'eau ainsi qu'une résistance à l'oxydation et au drainage rocheux acide. Selon l'INAP (2009), le dépôt stratifié d'un mélange de résidus rocheux et de stériles peut également limiter le potentiel acidogène. Des stériles alcalins peuvent ainsi être mélangés à des résidus rocheux potentiellement acidogènes (Leduc et al. 2004) ou à l'inverse, des stériles peuvent être mélangés à des matériaux alcalins pour en améliorer la stabilité chimique (INAP, 2009), tout en reconnaissant le risque d'augmentation de la salinité de l'eau d'infiltration et d'apparition de lixiviats métalliques neutres.

Ce type de mélange devient commun dans l'industrie d'extraction de la houille où les résidus grossiers et fins de lavage peuvent être combinés et transportés vers l'installation de stockage à l'aide de pompes, de convoyeurs ou de camions. Le procédé est pour l'instant moins utilisé dans l'exploitation minière en roches dures à cause des problèmes pratiques liés au mélange et au transport d'un mélange contenant de gros fragments de roche, mais des méthodes de mélange en cellules sont à l'étude.

D'anciennes technologies, rebaptisées par exemple « Eco-Tails[MD] » ou « Paste Rock[MD] », consistent à mélanger des stériles épaissis à haute densité ou des stériles filtrés à des matériaux rocheux au cours du traitement, puis à les transporter jusqu'à l'installation de stockage des résidus. Le mélange des résidus rocheux et des stériles continue de faire l'objet de travaux de recherche (Wickland et al., 2006). Les propriétés du mélange doivent être soigneusement évaluées, en tenant compte de la réduction de la résistance du mélange des matériaux due à l'incorporation des stériles et du possible avantage géochimique que présente l'atténuation des processus d'oxydation.

3.7.1. Co-placement

Tailings and coarse waste rock are transported independently and co-placed within the TSF. Examples are waste rock placed into a tailings facility, or waste rock used to create internal berms or retaining walls of a tailings facility.

An integrated waste landform can be formed by buttressing the tailings dam with waste rock and shaping the waste rock to form a "natural" landform. This can result in a conservatively more stable TSF structure than if the waste facilities had been separated. Design of the structure needs to consider the normal issues for design of a conventional tailings dam to ensure that the external support structure is stable, and that materials are zoned to prevent piping of tailings. This type of construction may provide savings in capital and operating costs for perimeter embankment construction and environmental benefits through progressive rehabilitation. Perhaps the greatest, intangible benefit are very conservative factors of safety for embankment stability, which can be higher simply due to the mass of waste surrounding the TSF.

Co-placement of PAG/PAF waste rock into a saturated tailings facility has also been carried out to mitigate the water quality concerns with PAG/PAF waste rock.

3.7.2. Co-mingling

Depending on the porosity (void ratio) of the waste rock, there may be available "void space" to store tailings. This allows potential for "co-mingling," where tailings are recombined with waste rock to produce a mixed material with strength parameters dominated by the rock material and hydraulic parameters dominated by the tailings. This material will have low hydraulic conductivity, good water retaining parameters, and resistance to oxidation and generation of ARD. According to INAP (2009), layered co-mingling of waste rock and thickened tailings can also limit the acid generation potential Alkaline tailings can be mixed with PAG/PAF waste rocks (Leduc el al. 2004), or tailings can be amended with alkaline material to increase the chemical stability of co-disposed materials (INAP 2009), recognising the potential increased salinity in seepage water and possible neutral metalliferous leachate.

Co-mingling is becoming common in the coal industry, where coarse and fine washery rejects can be combined and pumped as a mixture or conveyed or trucked to the storage facility. It is, so-far, less common in hard-rock mining due to the practicality of combining and transporting mixed material containing large rock particles, but methods for mixing in cells have been considered.

Renaming of old technologies includes the introduction of eco-tails and paste rock, where high density thickened tailings or filtered tailings are combined with waste rock as part of the processing, and then conveyed to the waste storage facility. Research on mixing of waste rock and tailings continues to be carried out (Wickland et al, 2006). Caution must be exercised in the assessment of the properties of the mixed materials that considers the strength reduction due to the tailings incorporation and the potential geochemical benefit of reducing oxidation processes.

3.8. AUTRES TECHNOLOGIES

3.8.1. Aménagement de cellules pour favoriser l'évaporation

Le placement successif des stériles dans des cellules confinées peut permettre d'accélérer leur drainage, leur consolidation et leur dessiccation. La méthode consiste à déverser successivement une fine couche de stérile dans chaque cellule. Chaque cellule peut ainsi se drainer, se consolider et se dessécher plus facilement et l'on obtient des dépôts de stériles denses qui peuvent résister à la liquéfaction et à l'apport de nouvelles couches de stériles non drainés. Cette méthode dépend cependant de la disponibilité d'une surface nécessaire à l'aménagement de multiples cellules et de vitesses d'évaporation suffisantes.

3.8.2. Construction des cellules pour minimiser l'évaporation

La minimisation des pertes par évaporation est critique sous les climats désertiques arides lorsque l'approvisionnement en eau peut être dispendieux et difficile à mettre en place. L'eau peut représenter localement une ressource naturelle importante qui doit être autant que possible préservée. D'autres sources d'eau, comme le dessalement d'eau de mer, peuvent être utilisées, mais sont coûteuses.

Les IGR conçues pour limiter l'évaporation sont divisées en cellules qui peuvent être séparées par des digues construites avec des stériles secs (ou des résidus rocheux). Les cellules sont dimensionnées pour stocker des stériles, habituellement pour une durée de plusieurs semaines, voire des mois. L'objectif est de minimiser la surface de la zone humide correspondant à la plage de stériles, où les pertes en eau par évaporation les plus importantes. Les cellules non alimentées poursuivent leur consolidation et leur déshydratation en rejetant de moins en moins d'eau vers la surface. Une IGR peut être typiquement composée de 4 à 10 cellules, suivant la vitesse de production et la zone qu'elle occupe. Ces systèmes permettent un taux de récupération des eaux équivalent à celui atteint dans les usines de traitement équipées d'épaississeurs à haute capacité ou à haut rendement.

3.8.3. Mud Farming

Le *mud farming* (littéralement « labourage des boues ») vise à casser mécaniquement la croûte de dessiccation qui se forme à la surface des stériles déposés afin d'améliorer le drainage en surface et la dessiccation. L'objectif est d'augmenter la densité et la résistance des stériles et de réduire leur teneur en eau afin de respecter les exigences de stabilité. Le *mud farming* est pratiqué dans l'industrie de l'aluminium, mais aussi pour les boues de dragage et les résidus de sables bitumineux (Munro et Smirk, 2015). Les techniques de *mud farming* permettent d'atténuer les risques associés aux barrages de stériles construits selon la méthode amont et donc d'éviter la construction de barrages suivant la méthode centrale ou la méthode aval, dont les couts capitaux sont plus élevés.

3.8. OTHER TECHNOLOGIES

3.8.1. Cell Construction to Promote Evaporation

Scheduled placement of tailings into confined cells can provide opportunities for accelerating drainage, consolidation, and desiccation of the tailings. In this application, a thin layer of tailings is discharged into one cell and then deposition moves to the next cell. The first cell is then allowed to drain, consolidate and desiccate, resulting in dense tailings that can be resistant to liquefaction and undrained loading. The methodology, however, is reliant on available space to construct numerous cells, and on having sufficient evaporation rates.

3.8.2. Cell Construction to Minimize Evaporation

Minimizing evaporation losses is a critical component in arid desert climates where water supply can be costly and challenging to obtain. It can be a significant natural resource that should, as far as possible, be preserved. Alternative water sources, such as desalinated seawater, can be used, but are expensive.

The design of a TSF to limit evaporation consists of dividing the TSF into cells, which can be separated with splitter dykes constructed of dried tailings (or waste rock). The cell is sized to store tailings, typically for weeks or months. The objective is to minimize the active wetted tailings beach area, which is the most significant source of evaporation loss. The inactive cells continue to consolidate and desiccate, with decreasing amounts of water expelled to the surface. Typically, a TSF could have 4 to 10 cells depending on the production rates and TSF area. Water recovery with such systems can be equivalent to that recovered in the process plant using high capacity or high rate thickeners.

3.8.3. Mud Farming

Mud Farming is the process of mechanical disturbance, or ploughing, of tailings to break up a forming desiccation crust and to improve surface drainage and desiccation. The objective is to increase the density and strength and to reduce the degree of saturation of tailings to meet stability requirements. Mud farming has been used in the alumina industry and has also been used in dredged spoil and oil sands tailings (Munro and Smirk, 2015). The mud farming technology has the potential to improve the risk profile of upstream tailings dams, without the need for the higher capital cost of centerline or downstream dam construction.

Des engins spécialisés ont été développés pour accéder aux plages de stériles molles et parcourir leur surface pour favoriser le drainage en surface et l'évaporation. On peut citer par exemple les tracteurs à vis d'Archimède, baptisés Amphirols, et les excavatrices amphibies.

Le *mud farming* avec un Amphirol comporte les phases suivantes :

- Déversement des stériles dans une cellule ou un enclos jusqu'à l'atteinte d'une épaisseur donnée (habituellement 1 m au maximum).

- Laisser l'eau s'évacuer en surface, le dépôt se consolider et la croûte se former (après plusieurs jours).

- Introduction de l'Amphirol sur le dépôt de stériles, l'engin travaillant en va-et-vient sur plage, dans la direction de la pente; l'engin crée ainsi des rigoles, ou fossés, comme illustré sur la figure 3.18, qui favorisent le drainage de l'eau de décantation et des eaux de pluie vers le bassin de décantation. Cela permet d'améliorer le taux de récupération de l'eau et d'exposer une surface plus grande à l'évaporation.

- L'Amphirol est périodiquement retiré pour permettre le drainage et l'évaporation à partir des monticules de stériles formés entre les rigoles, puis l'engin est réintroduit lorsque la surface redevient sèche.

- D'autres engins, tels que des bulldozers conçus pour les marais, sont ensuite introduits sur le dépôt lorsque les stériles ont été suffisamment travaillés pour supporter ce type d'engin.

- Le dépôt subit un compactage final pour atteindre la densité visée.

Figure 3.18
Amphirol en action sur une plage de stériles et rigoles formées par son passage
(Photo avec l'aimable autorisation de D. Brett)

Specialist equipment has been developed to allow access to soft tailings beaches to be able to scroll the surface and promote surface drainage and evaporation. This includes Archimedean screw tractors known as “amphirols”, and amphibious excavators are also used.

Mud farming with amphirols involves:

- Discharging tailings to a defined depth (usually a maximum of 1 m) by filling a cell or paddock.
- Allowing initial surface drainage and consolidation, and the initiation of surface crusting (typically over several days).
- Introduction of the Amphirol to the tailings by tracking or “scrolling” up and down the beach in the direction of the beach slope; this creates swale drains, as shown on Figure 3.18, promoting drainage of decant water and rainwater to the decant pond, allowing improved recovery of water to the process, and exposing a larger surface area to evaporation.
- Periodic removal of the Amphirol to allow drainage and evaporation from the elevated mounds of tailings between the scroll tracks, followed by reintroduction, as the surface becomes dry.
- Introduction of other equipment, such as swamp dozers, once the tailings are sufficiently farmed to support this equipment; and
- Final compaction to the required density.

Figure 3.18
Amphirol operating on a tailings beach showing swale drains being formed
(photo courtesy of, D. Brett)

3.8.4. *Développements techniques*

Les technologies liées au secteur de la gestion des stériles font l'objet de développements et d'améliorations continus. Les efforts de développement technique permettant de déshydrater les stériles ou de les rendre moins toxiques sont importants. Quelques-unes des technologies suivantes ont permis des avancées historiques et sont toujours en développement; les autres sont de nouvelles technologies en cours d'évaluation.

- Tube géotextile : des tubes en géotextile peuvent être utilisés pour séparer le liquide du solide. Ces tubes, une fois remplis de stériles, peuvent être empilés pour former un dépôt « sec ». Les tubes géotextiles ont également été utilisés pour la déshydratation des boues provenant du traitement des eaux usées ou des eaux d'exhaure ainsi que pour les résidus de lavage de la houille.

- Centrifugeuse : Les centrifugeuses utilisent la force engendrée par la rotation rapide d'un réservoir cylindrique, ou d'un axe hélicoïdal central, pour comprimer les matériaux à traiter contre un élément filtrant et permettre ainsi une séparation solide-liquide. Il existe plusieurs types de centrifugeuses, mais il semble que les centrifugeuses de décantation simples et les centrifugeuses à bol de criblage soient les plus communes dans l'industrie minière. Elles ne sont utilisables que pour de très faibles débits. Il s'avère aussi que les centrifugeuses n'ont été adoptées que pour les stériles à haute teneur en particules ultrafines et présentant de très faibles vitesses de sédimentation, tels que les stériles de phosphates, les boues de lavage de la houille et les résidus fins avancés liquides résultant du traitement des sables bitumineux. Les centrifugeuses ne parviennent habituellement à soutirer de la boue qu'une fraction relativement faible de la phase liquide, comparé aux autres types de filtres.

- Presses hydrauliques : Les presses hydrauliques peuvent fonctionner à haute pression et permettent d'obtenir une séparation liquide-solide poussée. Une presse hydraulique est constituée de deux cylindres concentriques et d'une poche, pilotée hydrauliquement. Le remplissage de la poche réduit le volume de l'espace annulaire entre les deux cylindres et compresse la boue contre l'élément filtrant du cylindre central, la « bougie ». Ce procédé est discontinu.

- Presse à vis : Cet appareil est composé d'une boîte d'engrenages et d'un moteur connecté à un axe central hélicoïdal entouré d'un écran perforé cylindrique.

3.8.4. *Technology Developments*

Development and improvement of technology is ongoing, and the continued pursuit of technologies that dewater tailings, or produce a less hazardous tailings, is important. Some of the following technologies are historic and their exploration is continuing; others are new technologies under assessment.

- Geotextile Tube – Geotextile tubes filled with feed material can be used to perform solid-liquid separation. When used for tailings, the filled "tubes" can be stacked to form a "dry" landform. Geotextile tubes have also been used for dewatering of sludges from waste and mine water treatment, and for coal wash waste.

- Centrifuge – Centrifuges use the force from the rapid rotation of a cylindrical bowl, or a central helical shaft, to force the feed material against a filter medium and provide solid-liquid separation. There are a variety of centrifuge types, but it appears that decanters and screen bowls may be the most common in the mining industry. They are only applicable to very low throughput. It also appears that centrifuges have only been adopted for tailings with high ultra-fine particle contents and very slow settling rates, such as phosphate tailings, coal wash slurries, and fluid mature fine tailings (MFT) produced in the oil sands industry. Centrifuges typically only remove a relatively small portion of the liquid from the feed material, as compared to other filter types.

- Tube Press – Tube presses can operate at high pressures and provide a high degree of liquid-solid separation. A tube press consists of two concentric cylinders and a bladder, which is operated hydraulically. The bladder is filled, reducing the volume of the annulus, and forcing the feed material against the filter medium of the candle. This process is "batch operated" and does not produce a continuous product.

- Screw Press – This device consists of a gear box and motor connected to a screw (helical)- shaped central shaft, surrounded by a cylindrical perforated screen.

4. CONCEPTION DES BARRAGES DE STÉRILES

4.1. INTRODUCTION

La conception des barrages de stériles évolue sans cesse. Elle est fondée sur de solides principes géotechniques qui tiennent compte de la protection de l'environnement et visent à ce que le dépôt devienne à long terme une terre viable ou qu'il puisse être exploité de manière appropriée. Les barrages de stériles sont aujourd'hui conçus d'une multitude de façons différentes en fonction des conditions locales, mais leur conception dérive souvent de modèles qui se sont imposés dans le passé. Les nouvelles technologies, des exigences de plus en plus sévères en matière de protection de l'environnement et les normes de sécurité en vigueur pour les barrages sont les principaux facteurs qui régissent le dimensionnement des barrages de stériles.

L'objet de ce chapitre est de décrire les différents types de barrages de stériles actuellement utilisés et d'exposer les aspects techniques clés qui assurent la sécurité de ces barrages. La conception d'un barrage de stériles dépend largement de la nature et de la condition des sites disponibles. Il en découle des exigences en matière, par exemple, de contrôle des infiltrations, de protection contre les séismes, de récupération de l'eau, du contrôle des poussières, de prise en compte du climat, etc., et parfois des possibilités d'augmenter la robustesse du barrage.

Il est possible de tirer parti de l'incorporation des stériles dans la construction même du barrage, pour réduire les gradients hydrauliques et le risque d'érosion interne, et d'optimiser la structure du remblai du barrage. Ces approches offrent un avantage sur le plan de la sécurité et possiblement un avantage économique par rapport à la construction des barrages d'eau. Le récent Bulletin no 139 d'ICOLD décrit comment les barrages de stériles peuvent être conçus en mettant en œuvre des pratiques durables. Une conception durable vise à faire en sorte qu'à la fin de l'exploitation de la mine, il ne reste sur place que des structures résistantes et stables sur les plans physique, chimique, écologique et social. Dans la plupart des cas, le barrage et la retenue sont intégralement connectés. Tous les composants d'une IGR sont interdépendants et si l'un d'entre eux change, des modifications se répercutent dans l'ensemble du système.

Les barrages de stériles sont depuis longtemps classés en trois grandes classes (construction amont, centrale et aval) qui sont encore pertinentes aujourd'hui. Les techniques consistant à filtrer ou à épaissir les stériles nécessitent elles aussi un corps de remblai stable bâti à partir d'une construction suivant la méthode amont, centrale ou aval. En général, les barrages construits suivant la méthode amont ou centrale posent plus de problèmes pour les stériles fins et ultrafins à cause de la résistance moindre de ces stériles.

4.2. BARRAGE D'AMORCE

La mise en dépôt des stériles s'effectue tout au long de l'exploitation des sites miniers, qui va typiquement de 5 ans à plus de 100 ans. Par conséquent, la pratique générale consiste à construire un « barrage d'amorce », puis à le rehausser de manière continue ou discontinue. Le barrage d'amorce est souvent conçu pour stocker approximativement deux années de production de stériles et, dans certains cas, le volume d'eau utilisé lors du démarrage de l'exploitation. Cette stratégie donne le temps nécessaire pour atteindre le niveau d'exploitation nominal dans l'usine de traitement et pour planifier et mettre en œuvre les premiers travaux d'élévation. La conception du barrage d'amorce doit également tenir compte des facteurs suivants :

- Contraintes topographiques;
- Besoins logistiques pour la mobilisation des engins de construction;

4. TAILINGS DAM DESIGN PRACTICES

4.1. INTRODUCTION

The state of practice of tailings dam design continues to evolve. Its foundation is sound geotechnical engineering that incorporates environmental protection, with the goal to transition the tailings facility into a sustainable landform, or a suitable land use facility. There are a multitude of tailings dam designs in use today that have been developed in response to site-specific conditions and are often modifications of historical designs. New technologies increased environmental requirements, and dam safety standards continue to drive the evolution of tailings dam design.

The purpose of this section of the Bulletin is to illustrate the range of tailings dam designs that are in use today and to discuss key technical aspects that control dam safety. The selection of a design is significantly influenced by the available sites and the site condition, which may drive requirements, for example, for seepage control, seismic protection, water recovery, dust control, climate, etc., or may provide opportunities for increased robustness in the design.

Tailings dams provide an opportunity to take advantage of incorporating the tailings into the design to reduce hydraulic gradients and the risk of piping, and to optimize the structural zone of the dam. These considerations provide a safety advantage, and potentially a cost advantage, for tailings dams as compared to water dams. Sustainable design practices for tailings dams are described in the recent ICOLD Bulletin 139. The objectives of sustainable design are, upon completion of mining, resilient structures that are physically, chemically, ecologically and socially stable. In most cases, the dam and the impoundment are integrally connected. All components of the TSF work together and a change in one of the components usually triggers changes throughout the system.

Tailings dams have historically been categorized into three general classes (upstream, centreline and downstream), which are still relevant today. Alternative technologies, such as filtered and thickened tailings, still require a stable structural zone, which may also comprise an upstream, centreline or downstream design. In general, upstream and centreline dams are more challenging for fine and ultrafine tailings due to lower tailings strength.

4.2. STARTER DAMS

Tailings storage occurs over the life of the mine, which can vary from as little as five years to more than 100 years. Consequently, the general practice is to construct a "starter dam" and then either raise the dam continually, or in staged construction periods. The starter dam is often sized to store approximately two years of tailings and, in some cases, the operational start-up water volume. This provides time for the process plant to become fully operational and allows planning and construction time for the first raise. Other considerations for the sizing and design of the starter dam include:

- topography constraints;
- staging requirements for mobilization of construction equipment;

- Conditions météorologiques (programmation visant par exemple à limiter les travaux durant l'hiver ou la saison humide);

- Vitesse de montée des barrages construits suivant la méthode amont;

- Délai de mise en route des hydrocyclones et de construction de la plage en amont, et disponibilité du sable; et

- Détournement des eaux de crue et exigences concernant le stockage de l'eau pour le démarrage de l'usine et le contrôle des crues.

La coupe transversale d'un barrage d'amorce peut s'apparenter à celle d'un barrage d'eau classique. La figure 4.1 montre des sections typiques. En dehors des considérations concernant la conception des barrages d'eau, l'aménagement d'un barrage d'amorce donne l'occasion de réduire les risques structuraux en tenant compte des considérations suivantes :

- Des études ont montré que les taux de fuite des systèmes de géomembranes/d'étanchéité étaient extrêmement faibles, de l'ordre de 0,001 L/s/km^2 (Rowe et al. 2016). Les barrages équipés d'une géomembrane devraient cependant être posés sur un matériau filtrant compatible avec les stériles à stocker, au cas où des défauts d'étanchéité surviendraient.

- Les barrages d'amorce en enrochement avec noyau central ne sont pas recommandés pour les barrages de stériles. Les enrochements seront en effet complètement saturés sous l'effet de la charge hydraulique totale de la retenue, ce qui générera des gradients hydrauliques élevés au niveau du noyau tout au long de la vie du barrage. On préfère en pratique placer des stériles contre le noyau. Ces stériles contribueront en effet à réduire les gradients hydrauliques appliqués au noyau en cas de fracturation hydraulique et pourront également contribuer à limiter la propagation des fissures.

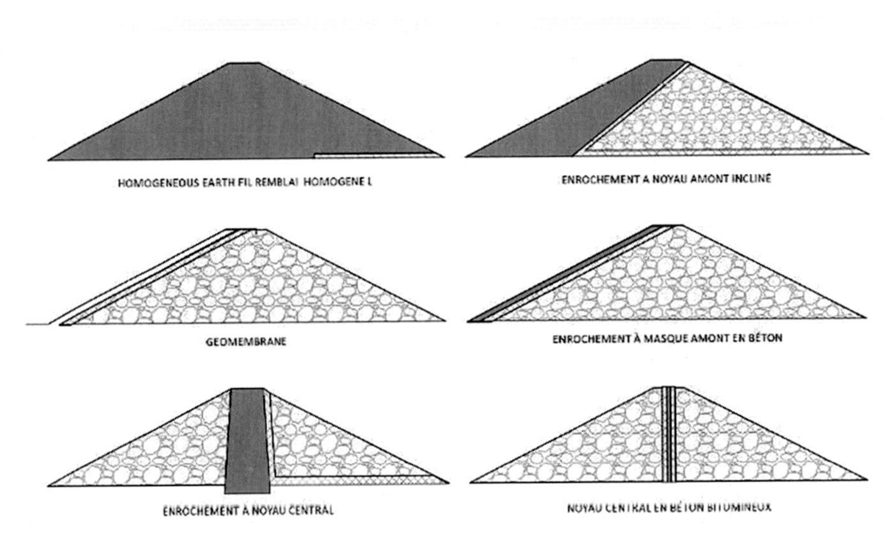

Figure 4.1
Exemples typiques de coupes transversales d'un barrage d'amorce et d'un barrage construit selon la méthode aval

- climate (schedule windows such as limitations on winter or wet season construction);
- rate of rise for upstream dams;
- time to get cyclones running and form upstream beach, and availability of sand; and
- flood routing and requirements for water storage for start-up and for flood control.

The starter dam design section may be like a conventional water dam section and typical sections are shown on Figure 4.1. In addition to the conventional water dam design considerations, the use of the starter dam to store tailings provides opportunities to reduce the risk of the structure with the following considerations:

- Geomembrane/tailings liner systems have been shown to have extremely low leakage rates, on the order of 0.001 L/s/km^2 (Rowe et al. 2016). Nonetheless, geomembrane lined dams should consider a bedding that is filter compatible with the tailings, in case there are defects in the liner.
- Centreline core starter dams that include a rockfill zone upstream of the core is not a recommended practice for tailings dams. The upstream rockfill zones will become fully saturated with the full hydraulic head of the impoundment, resulting in maximum hydraulic gradients across the core over the life of the dam. Instead, the practice of placing tailings adjacent to the core zone is preferred, as the tailings reduce the hydraulic gradients through the core in the event of hydraulic fracturing, and the tailings may also act as a crack stopper.

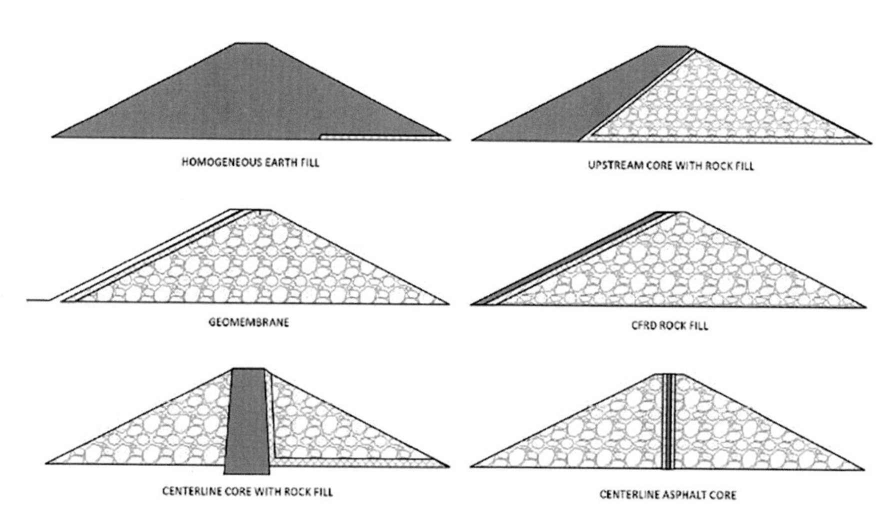

Figure 4.1
Typical examples of starter dam and downstream dam cross sections

4.3. BARRAGES CONSTRUITS SELON LA METHODE AVAL

Dans la méthode de construction aval, la portion structurelle du barrage de stériles est relativement indépendante des stériles eux-mêmes et l'élévation progressive du barrage s'effectue en déposant des matériaux sur le côté aval. Le barrage peut dans ce cas être conçu et construit suivant les principes classiques des barrages d'eau, et offrir la possibilité de stocker de l'eau en excès contre le barrage.

Un noyau de faible perméabilité et des filtres sont classiquement incorporés au barrage. Si le remblai doit être construit en plusieurs phases, un noyau incliné peut être utilisé pour faciliter les élévations ultérieures. L'élévation du barrage d'amorce en aval peut consister à simplement prolonger sa structure ou à y ajouter par exemple une structure drainante composée de sable d'hydrocyclone ou d'enrochements. L'élévation du barrage doit tenir compte des observations suivantes :

- Si les écoulements ne constituent pas un risque important, le noyau de faible perméabilité ou le revêtement étanche peuvent être éliminés ou modifiés pour permettre les écoulements à travers le barrage.

- Si un revêtement étanche est utilisé pour réduire les infiltrations dans les fondations et le barrage, un système de drainage interne peut alors être utilisé pour désaturer les stériles sur le long terme. Une étude récente sur les membranes (Rowe et al., 2016) suggère que les systèmes de revêtement utilisant des stériles et une géomembrane sont plus robustes que ce qui est habituellement considéré.

- La largeur choisie pour le noyau doit tenir compte du possible impact des stériles sur les risques de fracturation hydraulique, les barrages de stériles étant souvent dotés de noyaux moins larges que ceux des barrages d'eau.

- Dans le cas des barrages élevés dotés d'une géomembrane, il faut tenir compte des contraintes exercées sur cette membrane au fur et à mesure que le barrage s'élève. Dans certains cas, des bordures en béton ont été utilisées et les voiles solidement ancrés contre le parement du barrage.

4.4. CONCEPTION DES BARRAGES CONSTRUITS SELON LA MÉTHODE CENTRALE

La méthode de construction centrale, introduite dans les années 1960, consiste à utiliser des stériles pour soutenir la pente amont du barrage et à obtenir ainsi des pentes aval moins volumineuses que celles des barrages construits suivant la méthode aval. Contrairement à la méthode de construction amont, la méthode centrale permet de construire l'ensemble du corps de remblai du barrage avec un équipement classique et de contrôler ce faisant la qualité des ouvrages et des remblais.

Le barrage est constitué d'une extension verticale et centrée du barrage d'amorce, la zone aval étant construite avec des matériaux classiques de construction de barrage ou des sables d'hydrocyclone. Le bien-fondé d'inclure un noyau de faible conductivité hydraulique dépend de la nécessité éventuelle de minimiser les écoulements suivant des exigences environnementales ou techniques. La Figure 4.2 montre des exemples typiques de barrages construits suivant la méthode centrale.

4.3. DOWNSTREAM DAMS

Downstream construction is the method in which the structural portion of the tailings dam is relatively independent of the tailings and raising of the dam takes place by filling on the downstream side. This allows the dam to be engineered by a conventional construction process and allows incorporation of water dam features, such as storage of surplus water against the dam.

A conventional low hydraulic conductivity core and filters are typically incorporated in the design. If the embankment is to be constructed in stages, then a sloping core may be used to facilitate future raises. Raising of the starter dam with a downstream dam section may continue with the same design as the starter dam, or could include conversion to, for example, a pervious cyclone sand or rockfill structure. Considerations relating to raising the dam include:

- If seepage is not a significant concern, the low hydraulic conductivity core or liner may be eliminated or modified to allow seepage through the dam.
- If a liner is used to reduce seepage to the foundations and through the dam, then a system of internal drainage may be used to desaturate the tailings over the long term. Recent research on liners (Rowe et al., 2016) suggests that tailings/geomembrane liner systems are more robust than conventionally considered.
- The selection of an appropriate core width should consider the influence of tailings on the risk of hydraulic fracturing, as it is typical to have core widths on tailings dams that are less than on water dams.
- High dams with geomembrane liners need to consider the stresses on the liner as the dam is raised. In some cases, concrete curbs have been used and liners extensively "pinned" to the dam face.

4.4. DESIGN PRACTICES FOR CENTRELINE DAM CONSTRUCTION

Centreline dam construction was introduced in the 1960s and takes advantage of the benefit of tailings to support the upstream slope of the dam, thereby reducing the dam volumes associated with a downstream dam. The centreline dam allows the complete structural zone of the dam to be constructed with conventional equipment, with good quality control and quality assurance of fills, as opposed to an upstream dam.

The dam comprises a vertical extension of the starter dam centreline, with the downstream zones consisting of conventional dam construction materials or cyclone sand. The requirement for a low hydraulic conductivity core is usually determined by the potential environmental or engineering criteria to minimize seepage. Typical examples of centreline dams are shown on Figure 4.2.

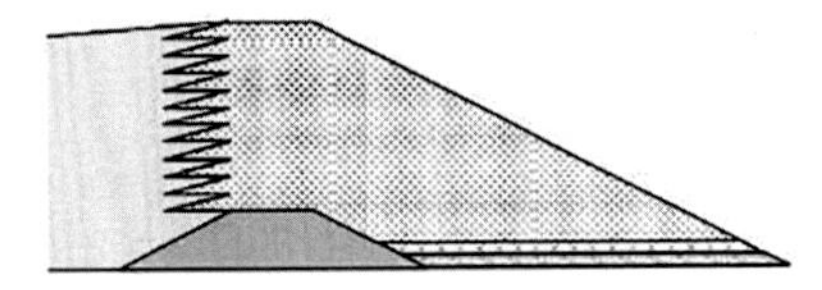

SABLE DE CYCLONE – BARRAGE PERMÉABLE

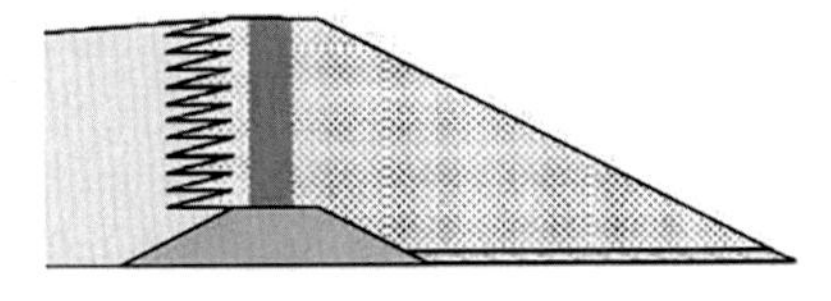

SABLE DE CYCLONE AVEC NOYAU

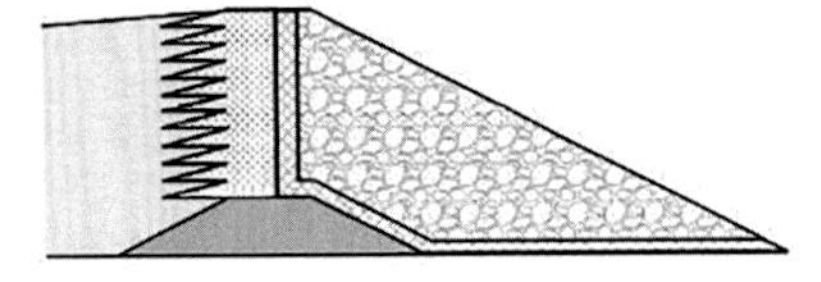

ENROCHEMENT OU TERRE – BARRAGE PERMÉABLE

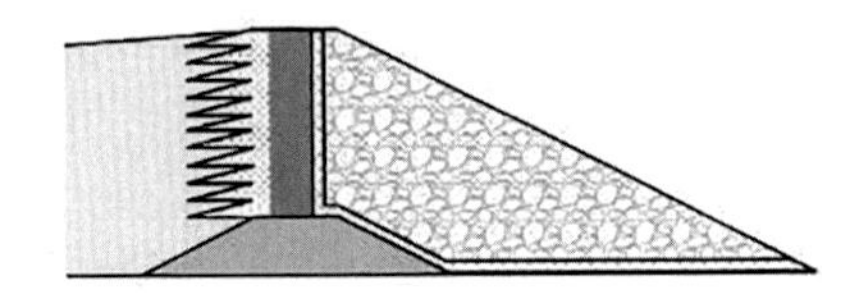

ENROCHEMENT TERRE AVEC NOYAU

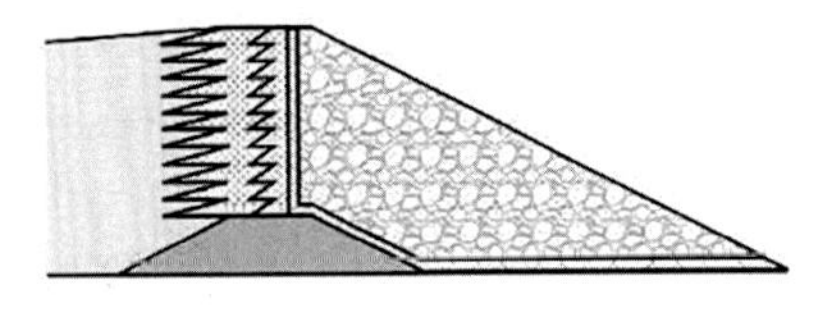

GEOMEMBRANE – ENROCHEMENT OU TERRE

Figure 4.2
Sections transversales typiques de barrages construits suivant la méthode centrale

La stabilité de la pente amont dépend de la résistance des stériles qui y sont déposés et qui forment une partie de la section amont. La liquéfaction de ces stériles sous l'effet d'une charge cyclique peut entraîner une rupture localisée de la pente amont dans la section supérieure du barrage. Tant que ces défaillances potentielles ne peuvent compromettre la capacité du barrage à confiner les stériles, il est envisageable d'accepter le risque qu'elles représentent et de les réparer en cas d'incident.

Le support du barrage en amont est assuré par des remblais techniques partiellement placés sur les stériles en place. Ces remblais peuvent contenir les matériaux suivants :

- Stériles déposés par buses ou surverses d'hydrocyclone;
- Sables d'hydrocyclone présentant une teneur en fines supérieure à celle habituellement utilisée pour la zone aval;
- Stériles en cellules déposés et compactés à l'aide de bulldozers tandis que l'eau et les fines sont décantées en bordure de cellule;
- Zones d'emprunt.

L'utilisation d'enrochements n'est pas recommandée, car cela créerait une zone au travers de laquelle la charge hydraulique serait transmise contre les parois du noyau.

Les barrages destinés à accueillir des volumes importants d'eau ou devant présenter une revanche élevée peuvent nécessiter de passer de la méthode centrale à une géométrie aval conventionnelle ou modifiée.

La zone du noyau de faible conductivité hydraulique peut être constituée de :

- Matériaux de faible conductivité hydraulique, de matériaux enrichis en bentonite ou de stériles;

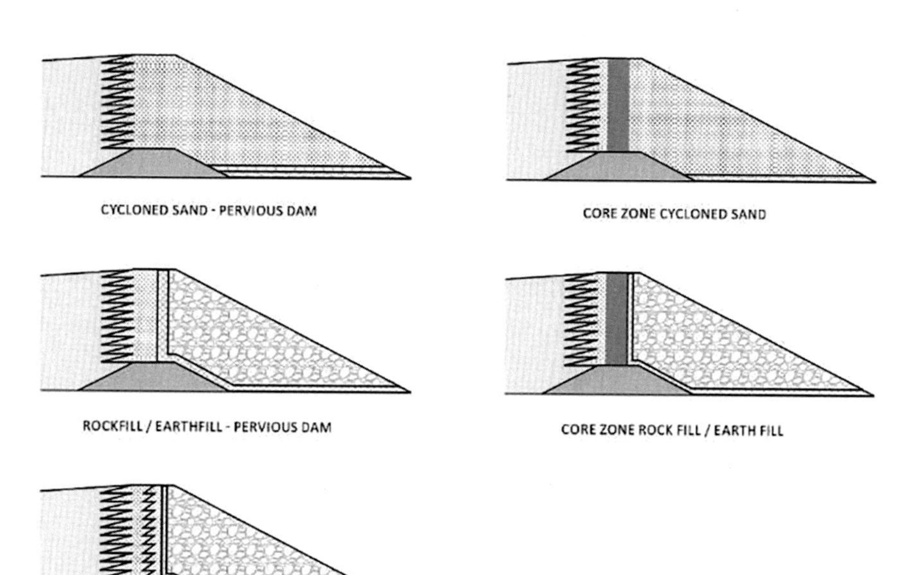

Figure 4.2
Typical design sections for centreline dams

The stability of the upstream slope is dependent upon the strength of the impounded tailings, which form part of the upstream section. Liquefaction of the impounded tailings under cyclic loading may lead to localized upstream slope failures in the upper section of the dam. Provided these potential failures do not compromise the ability of the dam to contain tailings, they may be an accepted risk and repaired after the event.

The upstream support for the dam relies on a portion of engineered fill that is partly placed on the impounded tailings, which may consist of some of the following components:

- spigotted tailings or beached cyclone overflow;
- cycloned sand with a higher percentage of fines than typically used for the downstream zone;
- tailings cells in which total tailings is deposited and compacted with a dozer while water and fines are decanted off the end/edge of the cell;
- earth fill borrow material.

The use of rockfill is not recommended as it creates a zone in which high hydraulic heads will persist against the core.

Dams required to contain large volumes of water against the dam, or provide a large freeboard, may require that the centreline geometry be changed to a modified downstream, or downstream geometry.

The low hydraulic conductivity core zone may consist of:

- low hydraulic conductivity soils or bentonite amended soils or tailings;

- Géomembrane installée en zigzag et, idéalement, bordée de sable d'hydrocyclone; et

- Noyau en béton bitumineux comme lors d'une construction typique de barrage d'eau.

La zone en aval peut être constituée de sables d'hydrocyclone, comme décrit dans le paragraphe 3.3 du présent bulletin. L'utilisation de sables d'hydrocyclone pour la construction d'un barrage doit tenir compte des observations suivantes :

- Il est souhaitable d'installer un système de drainage pour recueillir les eaux de percolation traversant les sables de sousverse d'hydrocyclone. Les sables d'hydrocyclone doivent donc présenter une conductivité hydraulique suffisante pour obtenir un bon drainage.

- Les sables d'hydrocyclone peuvent être placés dans la zone aval par diverses méthodes, dont les plus utilisées jusqu'à l'heure actuelle comprennent :

  - Déversement direct depuis la crête du barrage. Dans ce cas, les sables déposés forment une pente naturelle d'approximativement 4H:1V, mais qui augmente à mesure que le barrage prend de la hauteur.

  - Déversement dans de longs conduits placés sur la pente du barrage. Les conduits sont équipés d'ouvertures qui permettent le déversement du sable parallèlement à la pente du barrage. Les conduits sont périodiquement remontés et repositionnés pour assurer la bonne distribution du sable. Le sable peut être compacté à l'aide de bulldozers ou de compacteurs qui parcourent la pente du barrage en descentes et remontées successives.

  - Déversement à partir de buses situées sur la crête du barrage puis épandage et compactage des stériles à l'aide d'engins mécaniques.

- La sousverse des hydrocyclones est amenée par pipeline dans une cellule située sur la pente aval du barrage. La cellule est construite en aménageant au bulldozer des murs de stériles d'environ 1 m de haut. Le sable d'hydrocyclone est déposé puis compacté au bulldozer ou au compacteur. L'eau excédentaire est recueillie en un point bas de la cellule et dirigée vers le pied du barrage.

- Dans les zones présentant un risque sismique, le sable d'hydrocyclone doit être compacté, sauf si l'on est sûr qu'il ne restera pas saturé.

Les versions dérivées de la méthode centrale comprennent les méthodes amont et aval modifiées, comme le montre la Figure 4.3. La méthode aval modifiée est parfois utilisée lorsqu'il est nécessaire de stocker de grands volumes d'eau lors des crues. La méthode amont modifiée est parfois utilisée lors de l'optimisation d'une section amont. Dans le cas de la méthode amont modifiée, il faut faire attention à la possibilité de tassement ou de fracturation des zones du noyau et du filtre, car ces zones reposent sur des stériles non compactés.

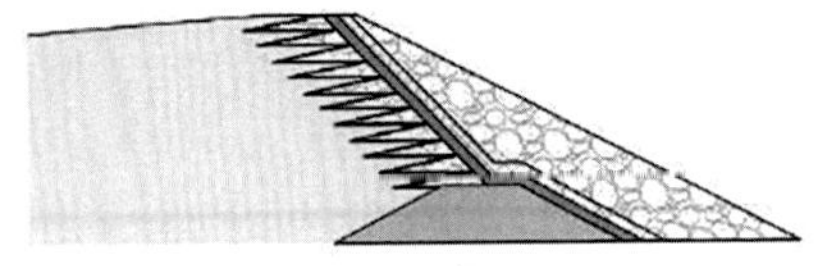

MÉTHODE AMONT MODIFIÉE

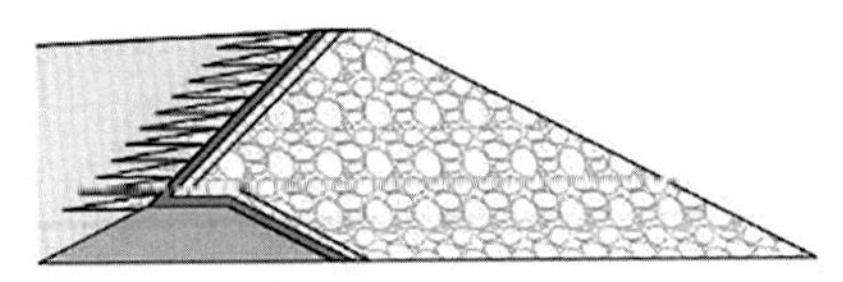

MÉTHODE AVAL MODIFIÉE

Figure 4.3
Géométrie des barrages construits selon les méthodes amont et aval modifiées

- a geomembrane placed in a "zig-zag" fashion, ideally with cyclone sand on either side; and

- asphalt core zonation that is typically used in water dam construction.

The downstream zone may consist of cyclone sand as described in Section 3.3 of this Bulletin. Considerations for a cyclone sand dam include:

- An underdrainage system to collect and direct the downward seepage flow from the placed cyclone underflow tailings sand. The cyclone sand, therefore, requires a high enough hydraulic conductivity to promote good drainage.

- The cyclone underflow tailings can be placed in the downstream zone using various methods which have historically included:

    - Direct discharge from the crest of the dam. In this case, tailings are deposited at a natural slope of approximately 4H:1V, although as the dam height increases, the slope also steepens.

    - Discharge into long pipes placed down the slope of the dam. The pipes have holes that allow tailings discharge parallel to the dam slope. The pipes are pulled up the slope and relocated to ensure distribution of the sand. The sand can be compacted with dozers, or compactors, running up and down the slope of the dam.

    - Discharge from spigots located on the dam crest, with the tailings spread and compacted with mechanical equipment.

- Cyclone underflow is directed, via a pipe, to a cell located on the downstream slope of the dam. The cell is formed by a dozer pushing tailings up to a height of approximately 1 m. Cyclone sand is deposited and compacted with a dozer or a compactor. Surplus water is drained from the cell at a low point and directed towards the toe of the dam.

- In seismic areas, the sand needs to be compacted, unless there is assurance that the cyclone sand will not remain saturated.

Variations of centreline dams includes both modified upstream and modified downstream dams as illustrated on Figure 4.3. The modified downstream method is sometimes used when an allowance for storage of large volumes of flood water is required. The modified upstream method is sometimes used when optimizing an upstream design section. Special consideration for the modified upstream is required for potential settlement and/or cracking of core and filter zones, as these zones are overlying un-compacted tailings.

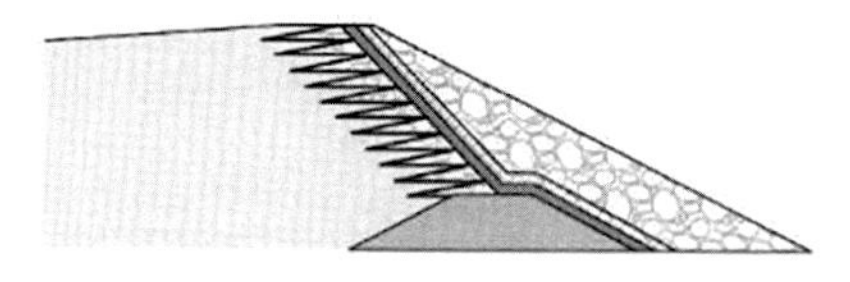

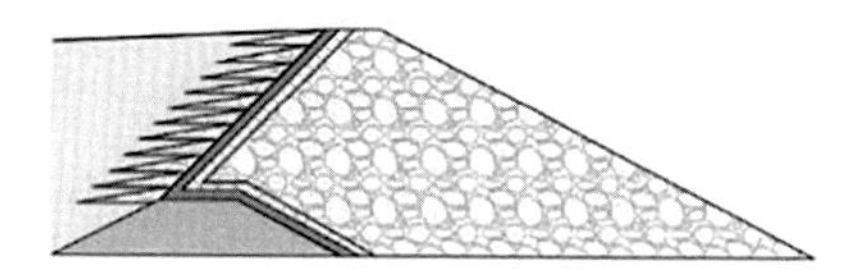

Figure 4.3
Geometry of modified upstream and modified downstream centerline dams

4.5. CONCEPTION DES BARRAGES SUIVANT LA MÉTHODE AMONT

4.5.1. Contexte

La construction suivant la méthode amont consiste à placer des stériles du côté amont de l'ouvrage, essentiellement au-dessus des stériles placés précédemment, comme le montre la Figure 4.4. La zone occupée par ces remblais, appelée « corps du remblai » (limitée par la ligne en pointillé sur la figure), devient l'ouvrage supportant la retenue. Ce type de construction offre d'importants avantages économiques, mais souffre d'incertitudes liées aux propriétés des stériles et aux pressions interstitielles présentes in situ.

La construction des barrages par la méthode amont est discutée dans le bulletin B106 de la CIGB (CIGB, 1996) qui cite plusieurs variantes, notamment :

- Le cyclonage : les stériles sont séparés par cyclonage en particules grossières et en fines, et les sables grossiers sont utilisés pour construire le corps du remblai.
- La création de plages en déversant les stériles par des buses ou des rampes d'aspersion et l'élévation de la crête à l'aide de matériaux compactés (Figure 4.4); ou
- Le dépôt près de la pente des stériles sous forme d'enclos qui se dessèchent et permettent l'obtention d'une revanche. Une technique parfois appelée « daywall » en anglais.

Le Bulletin B 121 de la CIGB explique qu'un des risques importants associés à la construction par la méthode amont vient du fait que les stériles présents dans le corps du remblai peuvent rester saturés à faible densité et donc être dans un état contractant, sensible à la liquéfaction statique ou dynamique. Le degré de saturation des stériles est parfois difficile à déterminer, des nappes perchées se formant fréquemment sous l'effet de la ségrégation et de la stratification. Il est difficile de se fier aux piézomètres pour obtenir une mesure précise du niveau phréatique, surtout si un drainage vertical a lieu ou si des nappes perchées sont présentes.

Il est nécessaire d'être prudent lors de la planification d'une construction par la méthode amont, en particulier si l'on envisage d'utiliser des stériles fins présentant une faible capacité de drainage, sous les climats ne favorisant pas la dessiccation et dans les régions de sismicité modérée.

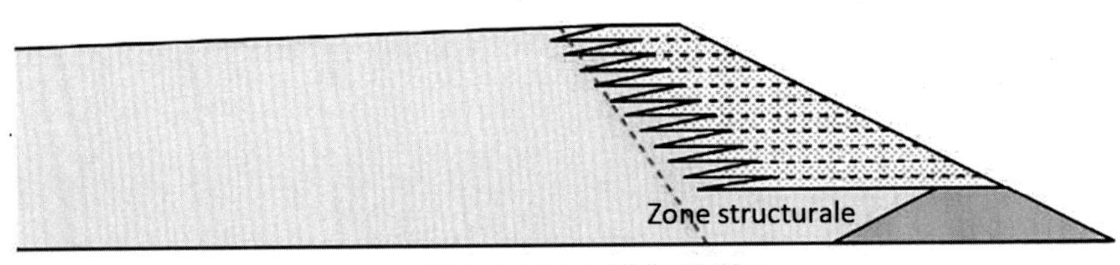

ENVELOPPE EN SABLE DE CYCLONE

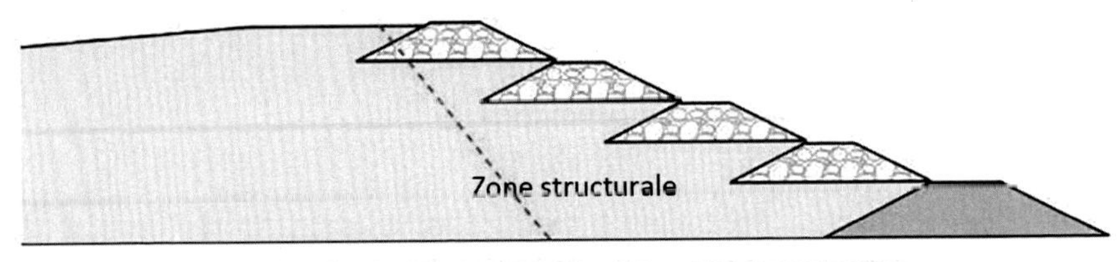

ENVELOPPE EN ENROCHEMENT OU EN REMBLAI DE TERRE

Figure 4.4
Exemples typiques de barrages construits selon la méthode amont

4.5. DESIGN PRACTICES FOR UPSTREAM CONSTRUCTION

4.5.1. Background

Upstream construction involves raising of a tailings dam by placing tailings on the upstream side of the dam embankment, essentially placing over previously discharged tailings as shown on Figure 4.4. The outer zone, referred to as the structural zone (shown with a red dashed line), becomes the retaining structure. This type of construction offers significant economic advantages, however there are inherent uncertainties in the properties of the tailings and pore pressure conditions.

The method of constructing dams by the upstream method is discussed in ICOLD B106 (ICOLD 1996), in which several variations are described, including:

- Cycloning – where the tailings are separated into coarse and fine particles using cyclones, with the coarse sand used to form the structural zone;
- Beaching using spigots or spray-bars, with crest raising by compacted earth fill (Figure 4.4); or
- Paddock Construction using cellular construction of tailings placement near the tailings slope that desiccates and provides freeboard, sometimes referred to "daywall" construction.

ICOLD Bulletin B 121 discusses a key risk inherent in upstream construction being the potential for tailings in the structural zone to remain saturated at low density, resulting in tailings being in a contractive state, susceptible to static or dynamic liquefaction. The extent of saturation is sometimes difficult to determine with perched water tables being common due to segregation and layering. Piezometers cannot be relied on to give an accurate picture of the phreatic surface, particularly if vertical drainage is occurring and/or perched water tables are present.

Caution should be applied when considering upstream construction, particularly when using fine tailings that have poor drainage characteristics and in climates where drying effects might be limited and/or in areas of moderate seismicity.

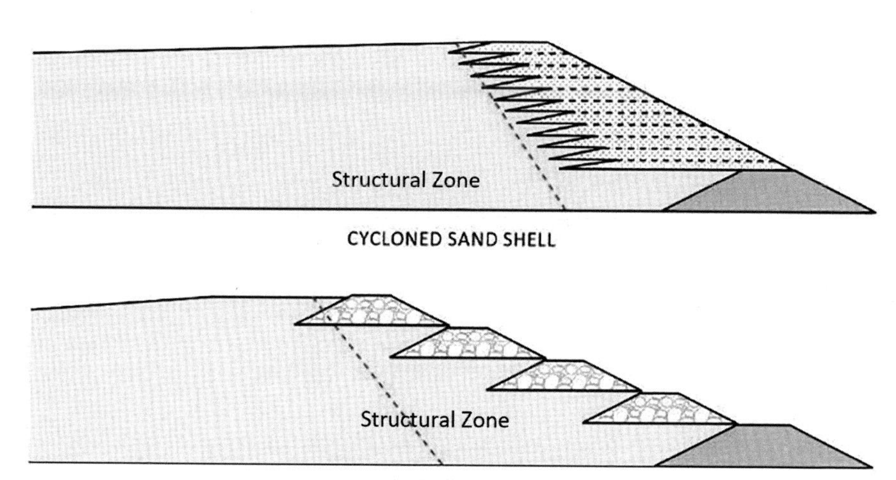

Figure 4.4
Typical examples of upstream dam construction

4.5.2. Méthodes de conception

Même si elles sont moins utilisées dans certaines régions, l'adoption de méthodes de conception améliorées et un bon contrôle de la construction peuvent permettre d'obtenir des barrages de type « amont » qui satisfont aux exigences de conception. La construction par la méthode amont peut être réalisée de différentes manières, mais les exigences de base ne diffèrent pas de celles associées à n'importe quel autre barrage ou ouvrage en terre, pourvu que les critères de sécurité soient respectés. La première étape consiste à déterminer si les stériles présents dans le corps du remblai sont sensibles à la liquéfaction statique ou dynamique et si les facteurs de sécurité en conditions drainées sont robustes. Les rapports de résistance non drainée de pic au cisaillement pour les stériles (Su/σ_V') varient typiquement entre 0,25 et 0,35. Lorsqu'on laisse suffisamment de temps pour le séchage, il sera peut-être possible d'atteindre des résistances non drainées de pic au cisaillement allant jusqu'à $Su/\sigma_V' = 0{,}5$. Il est important de noter, cependant, que lorsque la hauteur du barrage augmente, la surconsolidation apparente résultant de la dessiccation peut être annulée, avec des valeurs de Su/σ_V' réduites.

Lorsque des phénomènes de liquéfaction statique ou cyclique sont possibles, le rapport caractérisant la résistance résiduelle non drainée au cisaillement, Su_r/σ_V', peut être égal ou inférieur à 0,10.

Le compactage mécanique des stériles dans le corps du remblai à l'aide de bulldozers a été mis en œuvre avec succès pour les barrages construits suivant la méthode amont, comme le montre la Figure 4.5. C'est une méthode efficace pour obtenir la densité et la résistance nécessaire à la limitation des risques de liquéfaction statique ou cyclique. De même, le mud farming et la construction de cellules, comme décrits dans le paragraphe 3.8.3 et l'aménagement de cellules d'évaporation (paragraphe 3.8.1) peuvent être utilisés pour améliorer la résistance à la liquéfaction.

Figure 4.5
Compactage d'un barrage de stériles construit selon la méthode amont à l'aide de bulldozers
(Photo avec l'aimable autorisation de Donato)

Plusieurs caractéristiques de conception et d'exploitation des barrages de stériles ont une incidence sur leur stabilité, notamment :

- Des changements opérationnels, par exemple au niveau du broyage du minerai et donc de la minéralogie et de la concentration en solides des stériles, peuvent avoir une incidence sur leur sédimentation et engendrer la formation de zones de moindre résistance.

4.5.2. Design Practices

Despite being less common in some regions, improved design methods and good construction control can result in upstream construction meeting design requirements. Upstream construction can be achieved in a variety of ways, but the fundamental requirements are no different to any other dam or earth structure, providing the factors of safety are achieved. The first step is to assess if the tailings in the structural zone could be prone to static or dynamic liquefaction and ensuring that there are adequate factors of safety against undrained strength conditions. Typical peak undrained shear strength ratios for tailings are on the order of $Su/\sigma_V' = 0.25$ to 0.35. Where sufficient drying time is provided, it may be feasible to achieve peak undrained shear strengths of up to $Su/\sigma_V'=0.5$. It is important to note, however, that as the dam height increases, the apparent over consolidation due to desiccation may be negated, resulting in reduced Su/σ_V' values.

Where static or cyclic liquefaction could occur, the residual undrained shear strength ratio can be of the order of $Su_r/\sigma_V' = 0.10$ or lower.

Mechanical compaction of tailings within the structural zone has been successfully carried out for upstream dams with dozers, as shown on Figure 4.5, and is an effective way of assuring density and resistance to static or cyclic liquefaction. Similarly, mud farming and cell construction, as described in Section 3.8.3 and evaporation cells Section 3.8.1, respectively, may be used to improve liquefaction resistance.

Figure 4.5
Compaction of upstream tailings dam using dozers (photo courtesy of R. Donnato)

Upstream tailings dams have numerous operating and design considerations that influence their stability, including:

- Operation variability including, for example, changes in ore grind, mineralogy, and solids concentration, which influence tailings deposition and can result in lower strength zones.

- Sous climat froid, l'inclusion éventuelle de pergélisol devient partie intégrante de la structure du barrage.
- Les stériles peuvent être ségrégés sur la plage, notamment lorsque le bassin de boues fines empiète sur le corps du remblai.
- Il peut être difficile d'obtenir des échantillons non perturbés pour les essais en laboratoire. La perturbation d'un échantillon peut provoquer sa consolidation et donc engendrer une surestimation de la résistance et une sous-estimation de la sensibilité de l'échantillon. Les essais de pénétration au cône (CPT) in situ permettent le plus souvent d'obtenir les données les plus utiles pour l'évaluation des caractéristiques des stériles.
- L'efficacité des drains aménagés à l'intérieur du corps du remblai peut diminuer avec le temps à cause de la consolidation des stériles. Des nappes perchées peuvent se former aux interfaces des couches de stériles fins et grossiers.
- La modélisation des écoulements, de la consolidation et de la stabilité est rendue difficile par l'inhomogénéité intrinsèque des dépôts de stériles.
- La consolidation des stériles s'effectue sur une longue période et s'étend après la fermeture du site, lorsque des tassements importants peuvent encore se produire. Le tassement durant l'exploitation du site peut augmenter l'enfoncement des tours de décantation. Des tassements différentiels peuvent également favoriser la fissuration des remblais du barrage.
- L'amplification des ondes sismiques dans les stériles meubles est maximale pour les barrages présentant des fréquences de résonnances basses.
- La détermination des résistances résiduelles non drainées au cisaillement dans le cadre de l'analyse de la stabilité post-sismique est rendue difficile par les limitations que présentent les essais en laboratoire et la représentativité des échantillons.
- Le *mud farming* (paragraphe 3.8.3) et les cellules d'évaporation (paragraphe 3.8.1) peuvent être utilisés pour augmenter la densité des stériles à l'intérieur de la zone structurelle.

4.6. GESTION DES STÉRILES ÉPAISSIS OU EN PATE

4.6.1. Contexte

Les techniques utilisées pour produire des stériles épaissis ou en pâte, qui présentent une densité élevée, sont décrites dans les chapitres 3.4 et 3.5 du présent bulletin. Les installations de stockage de stériles épaissis ou en pâte (concentration en solides comprise entre ~60 % et 75 % et résistance au cisaillement comprise entre 40 Pa et 200 Pa) sont alimentées par un pipeline. La limite d'élasticité au cisaillement élevée de ces stériles à haute densité rend parfois nécessaire l'utilisation de pompe volumétrique. Les stériles sont déposés hydrauliquement, dans un état meuble, et forment des plages plutôt plus pentues que celles formées par les boues non épaissies.

- Inclusion of permafrost in cold climates which become part of the dam structure.
- Segregation of tailings on the beach, including operational periods where the slimes pond may encroach within the structural zone of the dam.
- Challenges with obtaining undisturbed samples for laboratory testing. Sample disturbance can cause consolidation of the sample, which may lead to overestimation of the strength and underestimation of the sensitivity of the sample. In situ cone penetration testing (CPT) often provides the most valuable data for assessing tailings parameters.
- Underdrains placed within the structural zone can become less effective with time due to tailings consolidation. Perched water levels can occur between layers of finer and coarser tailings.
- Seepage, consolidation and stability modeling are challenged by the inherent inhomogeneity of the tailings deposit.
- Consolidation of tailings occurs over a long period of time and affects the closure period where large settlements may occur. Settlement during operations may increase down-drag on decant towers. Differential settlements may also promote cracking of dam fills used for raising the dam.
- Amplification of seismic loads through the loose tailings are greatest at dams with low spectral periods.
- Determination of residual undrained shear strengths for post seismic stability analysis is challenged by limitation on laboratory testing and sample representativeness.
- Mud farming (Section 3.8.3) and evaporation cells (Section 3.8.1) may be used to increase the density of tailings within the structural zone.

4.6. DESIGN PRACTICES FOR HIGH DENSITY THICKENED AND PASTE TAILINGS

4.6.1. Background

Technologies for producing high-density thickened and paste tailings are described in Section 3.4 and Section 3.5 of this Bulletin. High-density thickened/paste tailings facilities involve delivery, in a pipeline, of a high-density thickened or paste tailings (typically ~60% to ~75% solids concentration and shear yield stresses from 40 Pa to 200 Pa) to the tailings facility. Due to the high shear yield stress of the tailings, positive displacement pumps may be required. The tailings are deposited hydraulically, in a loose state, and beached at somewhat steeper slopes than unthickened slurry.

Les digues de confinement restent nécessaires, mais elles pourront être plus petites que celles utilisées pour les IGR classiques s'il est possible de laisser se développer de longues plages. La figure 4.6 est une vue schématique montrant la principale différence entre la déposition en cône central et la déposition classique. Dans les installations de gestion des stériles épaissis ou en pâte, il n'y pas – ou presque pas – d'accumulation d'eau en surface. Une quantité moindre d'eau est en effet libérée lors de la consolidation de ces stériles comparé aux stériles classiques. Cette eau est recueillie en bordure du barrage avec les eaux de pluie et de ruissellement et est envoyée vers des bassins de réception d'où elle peut être renvoyée vers l'usine de traitement du minerai, ou être déversée dans le milieu. Suivant la topographie locale et la disponibilité des terrains, le barrage de confinement peut être de petite taille et ne comporter qu'une simple digue de terre puisqu'il n'est pas destiné à contenir de l'eau.

L'aspect important de la production des stériles épaissis ou en pâte est que ce procédé est sensible et requiert un contrôle et des ajustements continus pour compenser les écarts dus à la variabilité du minerai. Les stériles à haute densité devraient typiquement présenter une concentration en solides d'environ 70 % lorsqu'ils proviennent de roches dures, mais les concentrations obtenues de manière reproductible jusqu'à présent se sont révélées plus faibles.

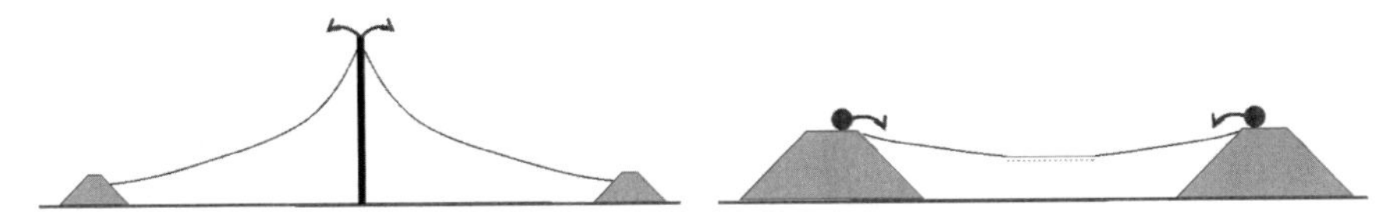

Figure 4.6
Vue schématique montrant la principale différence entre une déposition centrale (à gauche) et une déposition périmétrique (à droite)

4.6.2. Méthodes de conception

Les stériles épaissis ou en pâte peuvent être déposés d'un point central (déposition en cône central ou déposition centrale après épaississement) sur un terrain relativement plat, ou à partir d'un flanc de colline. Les installations sont souvent situées dans des régions arides présentant de nombreuses zones plates et peu de contraintes concernant la surface occupée par l'installation. La conception de l'installation doit tenir compte des considérations suivantes :

- Le coût de construction du barrage peut être réduit en raison de la faible hauteur de l'ouvrage et de sa conception simple (il ne contiendra pas d'eau). Les coûts d'investissement relatifs aux opérations d'épaississement et de mise en dépôts des stériles pourront être plus élevés.

- Il pourra être difficile d'obtenir des concentrations en solides dans les boues constamment supérieures à 60 % à cause de la variabilité intrinsèque des processus d'épaississement, des différents types de minerai, de l'alimentation de l'usine, etc. L'exploitation des unités doit prévoir le contrôle rigoureux des floculants, des débits, de la densité, des pressions et de l'instrumentation.

- Il peut être difficile d'obtenir des plages pentues sur toute leur longueur, en particulier pour les longues plages (> 1 km) (voir la figure 2.15). Les périodes durant lesquelles les stériles épaissis sont moins denses provoquent un aplanissement des plages. Un climat froid peut entraîner l'affaissement des plages gelées lors des périodes de dégel.

- Il est nécessaire de prévoir des bassins externes pour gérer les eaux provenant des crues nominales et un transfert sécuritaire des ruissellements vers les bassins de stockage de l'eau.

Containment dams are still required but may be smaller than those with conventional tailings facilities if long beach slopes are practical. A schematic illustrating the principal difference between the central cone discharge versus conventional is shown on Figure 4.6. High-density thickened/paste tailings facilities are usually operated with no, or minimal, ponds on the tailings surface. Compared to conventional tailings facilities, less water is released from the deposited tailings as they consolidate. This water, along with precipitation and runoff, collects next to the dam and is directed off the surface to external collection ponds where it may be reclaimed to the ore processing facility, or discharged. Depending on the topography and available land, the containment dam can be small and, as it is not storing water, could be a simple earth fill structure.

One of the most important considerations with thickened/paste tailings production is that it is a sensitive process that requires constant and controlled operation of the system and continual adjustments to upsets due to ore variability. High density tailings typically aim to have ~70% solids concentration for hard rock tailings, although consistent solid concentrations achieved to date have been lower.

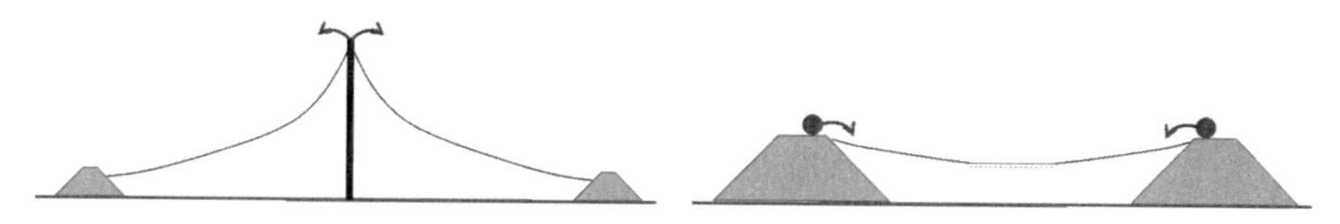

Figure 4.6
Schematic showing principal difference between central discharge (left) and perimeter Discharge (right)

4.6.2. Design Practices

Thickened/paste tailings may be discharged from a central point (central cone discharge or central thickened discharge) on relatively flat ground, or from a side hill. The facilities are often located in arid areas with flat ground and minimal restraints on the facility footprint. Design considerations for the facilities include:

- Capital costs of the dams may be lower due to their low height and simple design section (they are not storing water). Capital costs of thickening and the tailings discharge system may be higher.

- Challenges with getting consistent slurry solid concentrations of > 60% with variability of thickening, ore types, mill feed, etc. Operational requirements for close control of flocculants, flows, density, pressures, and instrumentation.

- Challenges with obtaining consistent steeper beach slopes, particularly with long beach slopes (e.g., > 1 km) (See Figure 2.15). Periods of lower thickener density flatten the beach slopes. Cold climate influences which may flatten frozen beaches during thaw periods.

- Requirements for external ponds to manage the design flood events and requirements for safely transferring the surface runoff to the water storage ponds.

- Il faut anticiper l'oxydation des stériles potentiellement acidogènes et prévoir la gestion des eaux de ruissellement acides.

- Il faut prévoir une surface suffisante pour limiter la hauteur de la digue de confinement périmétrique.

- La récupération de l'eau doit être optimisée dans l'usine de traitement, afin de minimiser les contraintes de gestion de l'eau sur l'IGR.

- Les stériles épaissis sont moins susceptibles de subir une ségrégation, devraient mieux retenir l'eau et avoir une conductivité hydraulique plus faible que les stériles ségrégés.

- Le dépôt, lors de la fermeture du site, constituera un terrain plus stable, mais les coûts de fermeture pour une grande surface peuvent dépasser ceux encourus pour une installation classique. Le coût élevé associé au recouvrement des bassins de boues peut être évité.

4.7. GESTION DES STÉRILES FILTRES (DESHYDRATÉS)

4.7.1. Contexte

Différentes techniques de filtration sont décrites dans le chapitre 3.6 du présent bulletin. Les installations de stockages de stériles filtrées font appel au transport, par camions ou tapis roulants, de stériles qui ont été déshydratés de manière à être partiellement saturés et se comporter comme un sol plutôt que comme un liquide. Pour faciliter leur compactage, les stériles filtrés doivent typiquement être déshydratés jusqu'à une concentration en solides comprise entre 85 et 88 %, souvent proche de la teneur en eau optimale. Les stériles filtrés sont typiquement utilisés pour construire la structure de confinement (le « corps » du remblai) à l'intérieur de laquelle peuvent ensuite être déposés les stériles non compactés, qui peuvent être moins riches en particules solides. Les eaux d'écoulement interne et de ruissellement sont recueillies et gérées dans des bassins de stockage externes. La Figure 4.7 est une coupe transversale schématique d'une installation typique de dépôt de stériles filtrés.

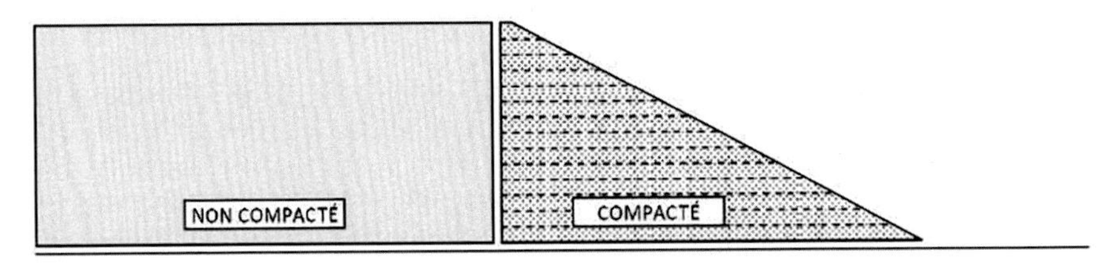

Figure 4.7
Coupe schématique d'un dépôt de stériles filtrés

4.7.2. Méthodes de gestion

Si les stériles filtrés sont saturés et déposés sans compactage à l'état meuble, ils peuvent se comporter comme un matériau contractant. La stabilité du dépôt doit donc être évaluée en tenant compte de la résistance non drainée des stériles et du potentiel de liquéfaction statique ou dynamique. Si la stabilité structurale le requiert, les recharges du dépôt de stériles filtrés pourront être compactées ou construites en y intercalant des couches de drainage. Le contrôle de l'impact environnemental des dépôts peut en outre nécessiter l'installation de systèmes d'étanchéité et un traitement des eaux, en particulier si les stériles sont potentiellement acidogènes ou déposés dans un secteur écologiquement sensible.

- Oxidation of PAG tailings and management of acidic runoff water.

- Footprint requirements for storage to limit the height of the perimeter containment dam.

- Water recovery is maximized in the process plant, which minimizes the requirements for water management at the tailings facility.

- Tailings are less susceptible to segregation and should have increased water retention capacity and lower hydraulic conductivity than segregated tailings.

- The closure configuration is closer to a stable landform, although closure cover costs for a larger footprint may be higher than a conventional facility. The high cost of capping soft slime ponds may be avoided.

4.7. DESIGN PRACTICES FOR FILTERED (DEWATERED) TAILINGS DISPOSAL

4.7.1. Background

Technologies for filtering are described in Section 3.6 of this Bulletin. Filtered tailings facilities involve delivery, by truck or conveyor, of tailings that are dewatered such that they are partially saturated and act like a soil rather than a fluid. Filtered tailings typically need to be dewatered to 85% to 88% solids concentration, often near optimum moisture content, to facilitate compaction. Typically, the filtered tailings form the containment structure ("structural zones") and uncompacted tailings, which can have a lower solids content, can be placed in the interior. Facility seepage and runoff are collected and managed in external collection ponds. Figure 4.7 shows a schematic of a typical filtered tailings facility.

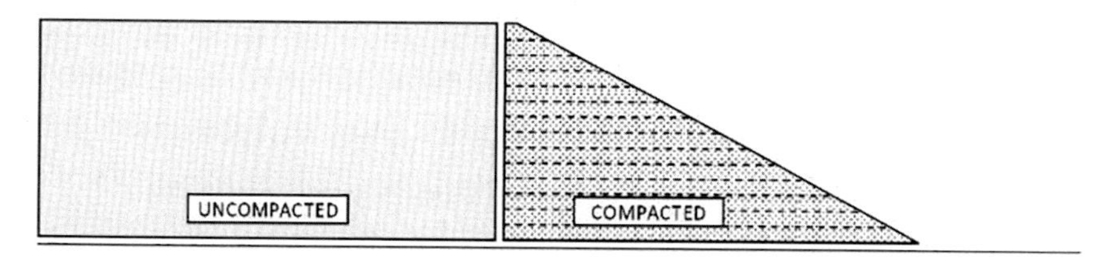

Figure 4.7
Schematic of a filtered tailings facility

4.7.2. Design Practices

If the filtered tailings product is saturated and placed without compaction in a loose state, it may behave as a contractant soil. Consequently, the stability of the pile needs to consider undrained strength stability and the potential for static or dynamic liquefaction. If required for structural stability, the outer shell of the filtered tailings pile may require compaction and/or placement of drainage layers. Environmental controls for the piles may still require liners and water treatment, particularly if the tailings are PAG or in a sensitive environmental setting.

La conception d'une installation de stockage de stériles filtrés doit tenir compte des facteurs suivants :

- Continuité des opérations mécaniques et de la constructibilité pour toutes les conditions météorologiques possibles. Possibilité de stockage ou de gestion secondaire des stériles en cas de bouleversement du système.
- Possibilité de passage des véhicules et d'accès à des zones d'emprunt pour la construction des voies sur les dépôts et les couvertures en terre.
- Constance de la teneur en eau permettant un compactage contrôlé.
- Nécessité du contrôle des écoulements internes, p. ex., à l'aide de systèmes d'étanchéité placés à la base du dépôt et de systèmes de récupération des lixiviats; gestion des pressions interstitielles durant la construction.
- Gestion des eaux de surface durant les épisodes extrêmes de précipitation ou de fonte des neiges et transport sécurisé des eaux de surface contaminées jusqu'aux étangs de gestion des eaux.
- Possibilité de mise en dépôt commune avec les roches de mine.
- Possibilité de remise en état progressive des pentes ou des dépôts.
- Gestion des poussières par le compactage ou l'arrosage.
- Gestion des eaux visant à faire en sorte que le dépôt de stériles secs demeure insaturé à moins qu'il ne soit conçu pour permettre un certain de degré de saturation.
- Réduction importante du risque de défaillance catastrophique grâce à l'élimination du stockage de l'eau à la surface de l'IGR et hausse graduelle du risque associé aux installations de gestion de l'eau. La gestion de l'eau demeure un important facteur dont il faut tenir compte pour faire en sorte que le dépôt de stériles asséchés (dry stack) reste non saturé et stable

4.8. GESTION DES STÉRILES DRAINÉS ET CONTRÔLE DES ÉCOULEMENTS INTERNES

Un barrage de stériles est habituellement conçu pour atteindre au moins deux objectifs importants : la stabilité mécanique et la stabilité environnementale. Pour atteindre la stabilité mécanique, on préfère favoriser le drainage des stériles, possiblement en installant un système de drainage sous le dépôt. Une telle approche peut être particulièrement bénéfique pour la gestion du site sur le long terme après sa fermeture, l'élimination d'un bassin de stockage des eaux et le drainage des stériles contribuant à réduire les risques de manière significative. Les contraintes en matière de pollution peuvent néanmoins imposer un niveau d'exfiltration très faible et, dans le cas des stériles potentiellement acidogènes, l'obligation de préserver à perpétuité les stériles dans un état saturé. Un revêtement composé de stériles et d'une géomembrane s'est avéré très fiable avec un taux de fuite extrêmement faible (Rowe et al., 2017). Les concepteurs et les organismes de réglementation doivent tenir soigneusement compte des avantages et des inconvénients d'un système de drainage interne lors de la conception.

Design considerations for filtered tailings facilities include:

- Consistency of mechanical operations and constructability during the range of climatic conditions; provision for alternate storage and/or management during system upsets.
- Trafficability and requirements for off-site borrow materials for access roads onto the piles and soil covers.
- Consistency of moisture content to allow controlled compaction.
- Requirements for seepage control, e.g., liners in the base of the pile and leachate collection systems; management of construction pore pressures.
- Management of surface water during extreme precipitation and/or snow melt events and safe transport of contaminated surface water to the water management ponds.
- Opportunities for co-disposal with mine rock.
- Opportunities for progressive reclamation of exterior slopes or piles.
- Dust management with compaction or irrigation.
- Water management to ensure that the "dry-stack" either remains unsaturated or is designed to allow saturation.
- Significant reduction in the risk of a catastrophic failure by elimination of storage of water on the surface of the TSF and the incremental increase in risk associated with water management facilities. Water management is still a significant issue to ensure that the "dry stack" remains unsaturated and stable.

4.8. DESIGN PRACTICES FOR DRAINED TAILINGS AND SEEPAGE CONTROL

The design of a tailings dam typically has at least two major objectives, geotechnical stability and environmental stability. For geotechnical stability, it is preferred to promote drainage of the tailings, possibly with installation of a drainage system under the tailings. This can be particularly advantageous for the long-term closure condition where elimination of a water pond and drainage of the tailings significantly reduces the risk. However, environmental constraints on tailings facilities may dictate a very low tolerance for seepage and, in the case of potentially acid generating tailings, a requirement to keep the tailings saturated for perpetuity. The application of tailings / geomembrane liner systems has shown to have an extremely low leakage rate (Rowe et al, 2017). Designers and Regulators need to carefully consider the advantages and disadvantages of internal drainage as part of the design process.

4.8.1. *Autres considérations concernant les différents types de barrage et le confinement*

Il existe une grande variété de barrages de stériles, y compris des variantes inspirées des différents types de confinement décrits dans les paragraphes précédents et faisant appel à différentes technologies (chapitre 3). Les technologies axées sur le stockage des stériles continuent à progresser pour s'adapter aux conditions particulières de chaque site et pour tenir compte des nouvelles connaissances et des progrès techniques accomplis dans ce domaine. Les paragraphes suivants offrent quelques détails supplémentaires sur le stockage des stériles et les différents types de barrage.

Co-placement et mélange

Le co-placement, décrit précédemment dans le paragraphe 3.7.1, consiste à mélanger aux stériles des déchets rocheux miniers pour obtenir un barrage plus robuste ou à placer des résidus rocheux potentiellement acidogènes dans un dépôt de stériles saturés. Dans les deux cas, les barrages sont conçus pour satisfaire à certaines exigences en matière de stabilité géotechnique.

La technique du mélange, décrit au paragraphe 3.7.2, consiste à combiner des stériles et des matériaux rocheux pour former une structure stable. Dans ce cas, les facteurs à prendre en compte pour la conception du barrage seront les mêmes que ceux décrits dans le paragraphe 4.7 concernant les stériles filtrés.

Système de décantation centrale

Lorsque l'on envisage une construction de type « amont » dans une zone relativement plate, il peut être approprié d'installer un système de décantation dans la zone centrale de la retenue. On obtient ainsi un dépôt délimité par une digue de remblais en anneau et un bassin de décantation central accessible par une jetée. La décantation centrale permet de développer une plage périmétrique dont la taille est adaptée à la vitesse de montée des stériles et de répartir successivement les stériles autour de la surface pour favoriser leur dessiccation. Le bassin de décantation peut être alimenté par gravité ou par un système de pompage. La gestion de l'eau est très importante lorsqu'une construction de type « amont » est utilisée avec un système de décantation central, car même si le barrage n'est pas conçu pour retenir de l'eau, les eaux de crue sont habituellement stockées dans la retenue. La conception structurelle des tours de décantation enterrées et des sorties est importante, car toute défaillance dans ce domaine peut entraîner des incidents graves susceptibles de compromettre la sécurité du barrage. Les risques pour la sécurité du barrage peuvent augmenter s'il existe une possibilité de fracturation latérale résultant d'un tassement différentiel du remblai périmétrique. Un exemple de bassin de décantation central est montré sur la Figure 4.8.

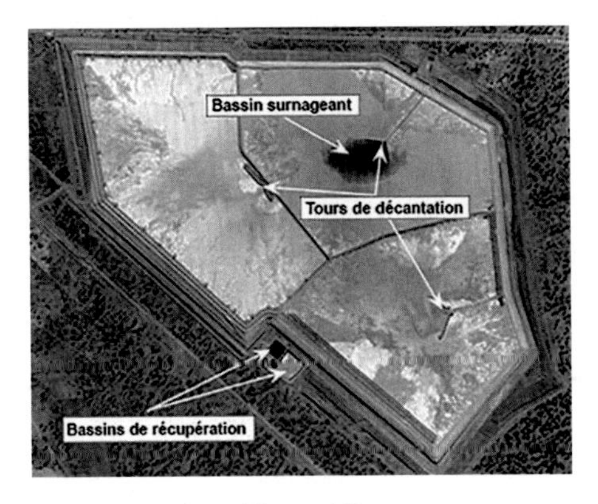

Figure 4.8
Configuration en digue en anneau (avec trois cellules) sur le site de Kalgoorlie Consolidated Gold Mines (KCGM), dans l'Ouest de l'Australie (Photo avec l'aimable autorisation de Newmont Australia) (Tailings.info [n.d.])

4.8.1. *Other Dam Type and Containment Considerations*

There are a wide variety of tailings dams, which include variations of the containment types described in the previous sections and the different tailing technologies (Section 3). Tailings storage technologies continue to evolve to meet site specific conditions and to respond to improved understanding of existing technologies and new technology developments. The following sections illustrate additional tailings storage and dam type considerations.

Co-placement and Co-mingling

Co-placement, described in Section 3.7.1 of this Bulletin, uses mine waste rock to construct a more robust landform tailings dam, or to place PAG waste rock into a saturated tailings facility. In both cases, the dams are designed to meet geotechnical stability requirements.

Co-mingling, described in Section 3.7.2 of Bulletin, combines tailings and waste rock to form a free- standing landform. In these cases, the facility design considerations would be like those described in Section 4.7 on filtered tailings.

Central Decant System

Where upstream construction is considered in an area of relatively flat topography, the use of a centrally located decant system can be appropriate. This results in a "ring dyke" dam arrangement with a perimeter embankment and a central decant pond, accessed by a causeway. The central decant allows the development of a perimeter beach that proportioned to manage rate of rise of tailings and allow progressive cycling of discharge around the perimeter to promote desiccation. The decant pond can be controlled either by a gravity decant structure, or by pumps. Water management considerations are most important where upstream construction is used with a central decant system, as the dam is often not designed to retain water and flood water is usually stored within the impoundment. Structural design of the buried decant towers and outlets is important, as failures can lead to serious dam safety incidents. The dam safety risk may be heightened by the potential for lateral cracking due to differential settlement of the perimeter embankment. An example of a central decant pond is shown on Figure 4.8.

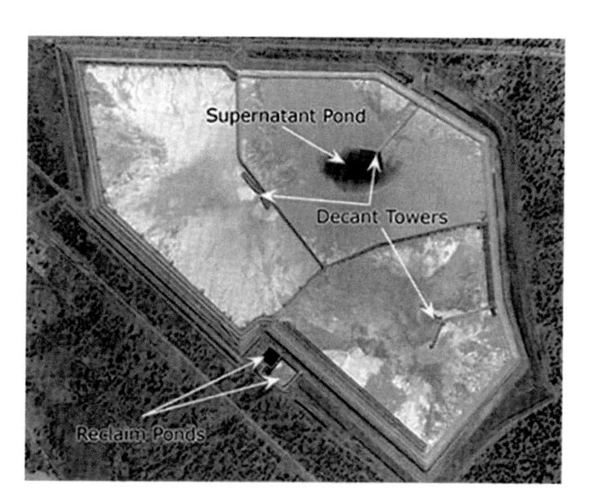

Figure 4.8
Ring dyke configuration (three cell arrangement) at Kalgoorlie Consolidated Gold Mines (KCGM), Western Australia (Courtesy Newmont Australia) (Tailings.info [n.d.])

Cellules d’évaporation

L’utilisation de cellules d’évaporation pour consolider les stériles peut être vue comme une variation de la méthode de dépôt amont (chapitre 4.5). La figure 4.9 montre un exemple de stériles desséchés dans une cellule. Cette pratique convient le mieux sous les climats arides ou semi-arides.

Figure 4.9
Stériles desséchés dans une cellule d’évaporation (Photo avec l’aimable autorisation de J. Pimenta d”Avila)

Evaporation Cells

The use of evaporation cells to consolidate the tailings can be considered a variation of the upstream disposal method (Section 4.5) and an example of dried cell is illustrated on Figure 4.9. This practice is best suited to arid or semi-arid climates.

Figure 4.9
Evaporation cell showing desiccated tailings (photo courtesy of, J. Pimenta d"Avila)

REFERENCES

Bedell, D, 2006. Chapter 7 *Paste and Thickened Tailings – A Guide*. Jewell, R. and Fourie, A, Editors. Australian Centre for Geomechanics. 2006.

Busslinger, M., H. Plewes and G. Parkinson. 2013. "*Testing of Cyclone Sand Tailings at High Stresses,*" dans GeoMontreal, Geoscience for Sustainability, 66e Congrès canadien de géotechnique et 11e conférence conjointe de la SGC et de l'AIH-SC sur l'eau souterraine, 29 septembre-3 octobre 2013. Montréal: Société canadienne de géotechnique.

"Cyclone Apex. Flow patterns inside a typical cyclone courtesy Weir Minerals…" [n.d.]. https://www.topsimages.com/images/cyclone-apex-8b.html Accessed March 1, 2019

Environmental Management Act, SBC 2003, c 53, http://canlii.ca/t/53171> retrieved on 2018-06-18

Commission européenne. 2009/360/CE : Décision de la Commission du 30 avril 2009 complétant les exigences techniques relatives à la caractérisation des déchets définies par la directive 2006/21/CE du Parlement européen et du Conseil concernant la gestion des déchets de l'industrie extractive [notifiée sous le numéro C3013 (2009)]. https://eur-lex.europa.eu/LexUriServ/LexUriServ.do?uri=OJ:L:2009:110:0048:0051:FR:PDF

Commission européenne. 2009/359/CE: 2009/359/CE: Décision de la Commission du 30 avril 2009 complétant la définition du terme déchets inertes en application de l'article 22, paragraphe 1, point f), de la directive 2006/21/CE du Parlement européen et du Conseil concernant la gestion des déchets de l'industrie extractive [notifiée sous le numéro C(2009) 3012]. https://eur-lex.europa.eu/legal-content/FR/TXT/?uri=celex:32009D0359

Parlement européen, Conseil de l'Union européenne. Directive concernant la gestion des stériles et stériles des activités minières. 2006. Directive 2006/21/CE du Parlement européen et du Conseil du 15 mars 2006 concernant la gestion des déchets de l'industrie extractive et modifiant la directive 2004/35/CE. https://eur-lex.europa.eu/legal-content/EN/ALL/?uri=CELEX:32006L0021

Fell, R.; P. MacGregor; D. Stapledon; G. Bell. 2005. Geotechnical Engineering of Dams. Leiden, Netherlands: A.A. Balkema.

Gowan, M., Lee, M. & Williams, D.J. 2010. *Co-disposal techniques that may mitigate risks associated with storage and management of potentially acid generating wastes.* In: Fourie, A.B & Jewell, R.J. (Eds.), Mine Waste 2010. Australian Centre for Geomechanics, Perth, Australia. ISBN 978-0-9806154-2-5.

Hazen, A. 1982. *Some physical properties of sands and gravels, with special reference to their use in filtration.* 24th Annual Rep., Massachusetts State Board of Health, Pub. Doc. No. 34, 539–556.

CIGB (Commission Internationale des Grands Barrages). 1996. Bulletin 106 - Guide des barrages et retenues de stériles - Conception, construction exploitation et réhabilitation. Paris, France.

CIGB (Commission Internationale des Grands Barrages). 2001. Bulletin 121 - Tailings Dams: Risk of Dangerous Occurrences - *Leçons apprises d'expériences pratiques.* Paris, France.

CIGB (Commission Internationale des Grands Barrages). 2011. Bulletin 139 - Améliorer la sécurité des barrages de stériles miniers - Aspects critiques de leur gestion, conception, exploitation et fermeture. Paris, France.

CIGB (Commission Internationale des Grands Barrages). 2013. Bulletin 153 *Conception durable et performances après-fermeture des barrages de stériles.* Paris, France.

INAP 2009. Le guide GARD. Global Acid Rock Drainage Guide. International Network for Acid Prevention (réseau international pour la prévention des déversements acides) (INAP) http://www.gardguide.com

REFERENCES

Bedell, D, 2006. Chapter 7 *Paste and Thickened Tailings – A Guide.* Jewell, R. and Fourie, A, Editors. Australian Centre for Geomechanics. 2006.

Busslinger, M., H. Plewes and G. Parkinson. 2013. "*Testing of Cyclone Sand Tailings at High Stresses,*" in GeoMontreal, Geoscience for Sustainability, 66th Canadian Geotechnical Conference and 11th Joint CGS/IAH-CNC Groundwater Conference, September 29-October 3, 2013. Montreal: Canadian Geotechnical Society.

"Cyclone Apex. Flow patterns inside a typical cyclone courtesy Weir Minerals..." [n.d.]. https://www.topsimages.com/images/cyclone-apex-8b.html Accessed March 1, 2019

Environmental Management Act, SBC 2003, c 53, http://canlii.ca/t/53171> retrieved on 2018-06-18

European Commission. 2009/360/EC: Commission Decision of 30 April 2009 completing the technical requirements for waste characterization laid down by Directive 2006/21/EC of the European Parliament and of the Council on the management of waste from extractive industries (notified under document number (C3013 (2009) 3013). https://eur-lex.europa.eu/legal-content/EN/TXT/?uri=uriserv:OJ.L_.2009.110.01.0048.01.ENG

European Commission. 2009/359/EC: Commission Decision of 30 April 2009 completing the definition of inert waste in implementation of Article 22(1)(f) of Directive 2006/21/EC of the European Parliament and the Council concerning the management of waste from extractive industries (notified under document number (C(2009) 3012). https://eur-lex.europa.eu/legal-content/EN/TXT/?uri=uriserv:OJ.L_.2009.110.01.0046.01.ENG

European Parliament, Council of the European Union. Mine Waste Directive. 2006. Directive 2006/21/EC of the European Parliament and of the Council of 15 March 2006 on the management of waste from extractive industries and amending Directive 2004/35/EC. https://eur-lex.europa.eu/legal-content/EN/ALL/?uri=CELEX:32006L0021

Fell, R.; P. MacGregor; D. Stapledon; G. Bell. 2005. Geotechnical Engineering of Dams. Leiden, Netherlands: A.A. Balkema.

Gowan, M., Lee, M. & Williams, D.J. 2010. *Co-disposal techniques that may mitigate risks associated with storage and management of potentially acid generating wastes.* In: Fourie, A.B & Jewell, R.J. (Eds.), Mine Waste 2010. Australian Centre for Geomechanics, Perth, Australia. ISBN 978-0-9806154-2-5.

Hazen, A. 1982. *Some physical properties of sands and gravels, with special reference to their use in filtration.* 24th Annual Rep., Massachusetts State Board of Health, Pub. Doc. No. 34, 539–556.

ICOLD (International Commission on Large Dams). 1996. Bulletin 106 A Guide to Tailings Dams and Impoundments - Design, Construction, Use and Rehabilitation. Paris, France.

ICOLD (International Commission on Large Dams). 2001. Bulletin 121 Tailings Dams: Risk of Dangerous Occurrences - Lessons Learnt from Practical Experiences. Paris, France.

ICOLD (International Commission on Large Dams). 2011. Bulletin 139 Improving Tailings Dam Safety - Critical Aspects of Management, Design, Operation and Closure. Paris, France.

ICOLD (International Commission on Large Dams). 2013. Bulletin 153 *Sustainable Design and Post-Closure Performance of Tailings Dams.* Paris, France.

INAP 2009. The GARD Guide. The Global Acid Rock Drainage Guide. The International Network for Acid Prevention (INAP). http://www.gardguide.com

Jefferies, M. and K. Been. 2016. *Soil Liquefaction: A Critical State Approach.* London, UK: CRC Press, 2016.2nd.

Jewell. R.J. and A.B. Fourie. 2006. *Paste and Thickened Tailings: A Guide.* 2nd edition. Nedlands, Western Australia: Australian Centre for Geomechanics (ACG).

Klohn Crippen Berger. 2017. *Mine Environment Neutral Drainage (MEND) Project: Study of Tailings Management Technologies.* "Study of Tailings Management Technologies: MEND Report 2.50.1," in 24th Annual BC MEND Metal Leaching /Acid Rock Drainage Workshop on November 29, 2017, Vancouver, B.C. Ottawa, ON : MEND (Mine Environment Neutral Drainage); MAC (Mineralogical Association Of Canada). Accessed October 31, 2017. http://mend-nedem.org/wp-content/uploads/2.50.1Tailings_Management_TechnologiesL.pdf

See also:

Patterson, K. and L. Robertson. (2018, September 12) *Study of Tailings Management Technologies* [Webinar]. In KCB Webinar Series. Retrieved from https://www.klohn.com/study-of-tailings-management-technologies/

McLeod, H. and A. Bjelkevik. 2017. "*Tailings Dam Design: Technology Update* (ICOLD Bulletin)," in Proceedings of the 85th Annual Meeting of International Commission on Large Dams, July 3-7, 2017. Prague, Czech Republic: Czech National Committee on Large Dams.

Munro, L et D. Smirk. 2012. *Optimising Bauxite Residue Deliquoring and Consolidation*, Proceedings of the 9th International Alumina Quality Workshop.

Price, W.A. 2009. *Prediction Manual for Drainage Chemistry from Sulphidic Geologic Materials*, MEND Report 1.20.1, Mine Environment Neutral Drainage (MEND). Consulté le 20 février 2017. http://mend-nedem.org/wp-content/uploads/1.20.1_PredictionManual.pdf

Rizo, J. 2014. Directive de l'Union européenne concernant la gestion des déchets de l'industrie extractive. Bruxelles, Belgique : Commission européenne. http://webcache.googleusercontent.com/search?q=cache:7YqZDRBqgP0J:ec.europa.eu/DocsRoom/documents/6452/attachments/1/translations/en/renditions/native+&cd=1&hl=en&ct=clnk&gl=ca

Robertson, P. (2017). "*Evaluation of Flow Liquefaction: influence of high stresses*," in 3rd International Conference on Performance-based Design in Earthquake Geotechnical Engineering (PBD-III). Vancouver, B.C. 16-19 juillet 2017.

Robertson, P. K. (2010). *Evaluation of Flow Liquefaction and Liquefied Strength Using the Cone Penetration Test.* Journal of Geotechnical and Geo-environmental Engineering, ASCE / Juin 2010

Rowe, R.K., P. Joshi, R.W.I. Brachman and H. McLeod. 2017. "*Leakage through Holes in Geomembranes below Saturated Tailings.*" Journal of Geotechnical and Geo-environmental Engineering. 143(2).

Tailings.info. [n.d.] "*Surface Tailings Containment*". Accessed March 5, 2019 http://www.tailings.info/storage/containment.htm

United States. Environmental Protection Agency. 2018. Laws and Regulations. Washington, D.C.: EPA. https://www.epa.gov/laws-regulations

Vick, S. 1990. *Planning, Design and Analysis of Tailings Dams.* Richmond, BC: Bitech Publishers Ltd.

WesTech. 2011. Thickener Optimization Package: Advanced Thickening Technology. [brochure] Accessed March 5, 2019. http://www.jacol.cl/assets/upload/WESTECH%20THICKENER%20OPTIMIZATION%20PACKAGE.pdf

_____. [n.d.] Vacuum Disc Filter. Accessed March 5, 2019. http://www.westech-inc.com/en-usa/products/vacuum-disc-filter

Wickland B., Ward Wilson G., Wijewickreme D., and Klein B., 2006. *Design and evaluation of mixtures of mine waste rock and tailings.* Canadian Geotechnical Journal. 43 (928-945).

JEFFERIES, M. AND K. BEEN. 2016. *Soil Liquefaction: A Critical State Approach.* London, UK: CRC Press, 2016.2nd.

JEWELL. R.J. AND A.B. FOURIE. 2006. *Paste and Thickened Tailings: A Guide.* 2nd edition. Nedlands, Western Australia: Australian Centre for Geomechanics (ACG).

KLOHN CRIPPEN BERGER. 2017. *Mine Environment Neutral Drainage (MEND) Project: Study of Tailings Management Technologies.* "Study of Tailings Management Technologies: MEND Report 2.50.1," in 24th Annual BC MEND Metal Leaching /Acid Rock Drainage Workshop on November 29, 2017, Vancouver, B.C. Ottawa, ON : MEND (Mine Environment Neutral Drainage); MAC (Mineralogical Association Of Canada). Accessed October 31, 2017. http://mend-nedem.org/wp-content/uploads/2.50.1Tailings_Management_TechnologiesL.pdf

See also:

PATTERSON, K. AND L. ROBERTSON. (2018, September 12) *Study of Tailings Management Technologies* [Webinar]. In KCB Webinar Series. Retrieved from https://www.klohn.com/study-of-tailings-management-technologies/

MCLEOD, H. AND A. BJELKEVIK. 2017. "*Tailings Dam Design: Technology Update* (ICOLD Bulletin)," in Proceedings of the 85th Annual Meeting of International Commission on Large Dams, July 3-7, 2017. Prague, Czech Republic: Czech National Committee on Large Dams.

MUNRO, L AND D. SMIRK. 2012. *Optimising Bauxite Residue Deliquoring and Consolidation*, Proceedings of the 9th International Alumina Quality Workshop.

PRICE, W.A. 2009. *Prediction Manual for Drainage Chemistry from Sulphidic Geologic Materials*, MEND Report 1.20.1, Mine Environment Neutral Drainage (MEND). Accessed February 20, 2017. http://mend-nedem.org/wp-content/uploads/1.20.1_PredictionManual.pdf

RIZO, J. 2014. The EU Directive on the Management of Waste from Extractive Industries. Brussels, Belgium: European Commission. http://webcache.googleusercontent.com/search?q=cache:7YqZDRBqgP0J:ec.europa.eu/DocsRoom/documents/6452/attachments/1/translations/en/renditions/native+&cd=1&hl=en&ct=clnk&gl=ca

ROBERTSON, P. (2017). "*Evaluation of Flow Liquefaction: influence of high stresses*," in 3rd International Conference on Performance-based Design in Earthquake Geotechnical Engineering (PBD-III). Vancouver, B.C. July 16-19, 2017.

ROBERTSON, P. K. (2010). *Evaluation of Flow Liquefaction and Liquefied Strength Using the Cone Penetration Test.* Journal of Geotechnical and Geo-environmental Engineering, ASCE / June 2010

ROWE, R.K., P. JOSHI, R.W.I. BRACHMAN AND H. MCLEOD. 2017. "*Leakage through Holes in Geomembranes below Saturated Tailings.*" Journal of Geotechnical and Geo-environmental Engineering. 143(2).

Tailings.info. [n.d.] "*Surface Tailings Containment*". Accessed March 5, 2019 http://www.tailings.info/storage/containment.htm

United States. Environmental Protection Agency. 2018. Laws and Regulations. Washington, D.C.: EPA. https://www.epa.gov/laws-regulations

VICK, S. 1990. *Planning, Design and Analysis of Tailings Dams.* Richmond, BC: Bitech Publishers Ltd.

WesTech. 2011. Thickener Optimization Package: Advanced Thickening Technology. [brochure] Accessed March 5, 2019. http://www.jacol.cl/assets/upload/WESTECH%20THICKENER%20OPTIMIZATION%20PACKAGE.pdf

_____. [n.d.] Vacuum Disc Filter. Accessed March 5, 2019. http://www.westech-inc.com/en-usa/products/vacuum-disc-filter

WICKLAND B., WARD WILSON G., WIJEWICKREME D., AND KLEIN B., 2006. *Design and evaluation of mixtures of mine waste rock and tailings.* Canadian Geotechnical Journal. 43 (928-945).

Printed in the United States
by Baker & Taylor Publisher Services